新型职业农民书架·动植物小诊所

猪常见病
速诊快治

江　斌　　吴胜会

林　琳　　张世忠　　编著

U0214762

海峡出版发行集团　福建科学技术出版社

THE STRAITS PUBLISHING & DISTRIBUTING GROUP　FUJIAN SCIENCE & TECHNOLOGY PUBLISHING HOUSE

图书在版编目（CIP）数据

猪常见病速诊快治 / 江斌等编著. —福州：福建
科学技术出版社，2019.1
（新型职业农民书架.动植物小诊所）
ISBN 978-7-5335-5699-0

Ⅰ.①猪…　Ⅱ.①江…　Ⅲ.①猪病－诊疗
Ⅳ.①S858.28

中国版本图书馆CIP数据核字（2018）第227820号

书　　名　猪常见病速诊快治
　　　　　　新型职业农民书架·动植物小诊所
编　　著　江　斌　吴胜会　林　琳　张世忠
出版发行　福建科学技术出版社
社　　址　福州市东水路76号（邮编350001）
网　　址　www.fjstp.com
经　　销　福建新华发行（集团）有限责任公司
印　　刷　福州德安彩色印刷有限公司
开　　本　700毫米×1000毫米　1 / 16
印　　张　10.5
图　　文　168码
版　　次　2019年1月第1版
印　　次　2019年1月第1次印刷
书　　号　ISBN 978-7-5335-5699-0
定　　价　38.00元
　　　　书中如有印装质量问题，可直接向本社调换

近年来，随着规模化、集约化养猪场的日益增多，异地调运种猪和猪苗的日益频繁，猪的疾病也越来越多，越来越复杂，呈现老病未除、新病不断，混合感染病例日益增多的局面。为了进一步普及猪病防治知识，提高广大养殖户和基层兽医人员的猪病诊断与防治水平，我们总结多年来猪病诊治临床经验，结合最新的猪病诊治技术编写了此书。

本书根据临床常见症状，把猪常见病分为肠道症状疾病、呼吸道症状疾病、神经症状疾病、高热症状疾病、皮肤症状疾病、生殖系统症状疾病及其他杂症等7个部分。每种疾病均以扼要文字介绍其流行特点和症状、病理变化及诊治措施，对典型症状和病理变化辅以彩图说明。希望本书对广大养殖户和基层工作者做好猪病诊疗工作能有所帮助。

由于我们水平有限，书中难免存在错误和不足之处，恳请各位同仁及广大读者批评指正。

作者

目录

CONTENTS

一、肠道症状疾病

　　腹泻（也称拉稀）是猪最常见的病症，其发病的比例可占猪病的50%左右。腹泻不仅会影响猪生长发育，而且还会导致部分病猪死亡（严重时死亡率可达100%），给养猪业造成很大的经济损失。导致猪腹泻的原因很多，有的是由病毒性疾病引起的（如非典型性猪瘟、猪伪狂犬病、猪传染性胃肠炎、猪流行性腹泻、猪轮状病毒病等），有的是由细菌性疾病引起的（如猪大肠杆菌病、仔猪副伤寒、仔猪红痢、猪增生性肠炎、猪痢疾等），有的是由寄生虫性疾病引起的（如猪球虫病、猪小袋纤毛虫病、猪三毛滴虫病、猪毛首线虫病等），有的则是由饲养管理不良导致的（如饲料霉变和变质、母猪缺奶水、仔猪保温工作没有做好等）。有的腹泻是单个病因造成的，有的腹泻是多个病因共同造成的。在面对腹泻这一常见病症时，我们要对常见几个方面原因进行逐一分析，做出正确的诊断，以便采取相应的防治措施。

（一）病毒性病因

1. 非典型性猪瘟

　　猪瘟在临床上可分为典型性猪瘟（以表现高热不退、全身皮肤发红发紫为主要病症）和非典型性猪瘟（以低烧、顽固性拉稀、母猪繁殖障碍为主要病症）。前者详见"四 /（一）/1. 典型性猪瘟"*，这里着重介绍非典型性猪瘟。

流行特点和症状

　　本病见于仔猪和保育猪、中大猪及繁殖母猪。在仔猪和保育猪主要表现为体温升高到40 ～ 41℃，食欲减少或废绝，精神不振，怕冷打堆（图1-1），出现顽固性拉稀，用抗生素、磺胺类药物治疗均无效。粪便为黄色（图1-2），恶臭。

---

　　*"四 /（一）/1. 典型性猪瘟"表示本书"四、高热症状性疾病"中"（一）病毒性病因"中的"1. 典型性猪瘟"。以下均采用此表示法。

同时病猪有类似感冒鼻塞症状。到了中后期可见病猪耳朵发红发紫（图1-3），腹下和臀部皮肤出血，发病率可达100%，死亡率可达50%～80%，个别耐过病猪表现生长缓慢（即僵猪）。中大猪发生非典型性猪瘟时主要表现为发烧、拉干粪和拉稀交替出现；母猪发生非典型性猪瘟可导致母猪流产、死胎，以及造成刚出生的仔猪全身皮肤出现红色出血斑（图1-4）。

图1-1　怕冷打堆

图1-2　拉黄色稀粪

图1-3　耳尖皮肤发红发紫

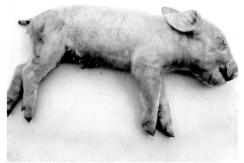

图1-4　仔猪全身皮肤出现红色出血斑

病理变化

病死猪的淋巴结肿大，有不同程度的充血和出血（图1-5、图1-6）。肾脏苍白，表面有不同程度的针尖状出血点（图1-7）。有时可见膀胱、肠系膜、肠外壁、肺脏、心脏出现不同程度的出血病变（图1-8）；有时在回盲瓣可见到纽扣状溃疡或坏死灶（图1-9）。脾脏的变化不明显，有时可见一些梗死灶（图1-10）。

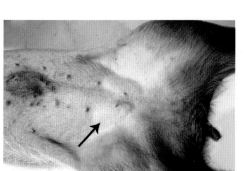

图 1-5　腹股沟淋巴结肿大

图 1-6　腹股沟淋巴结周边出血

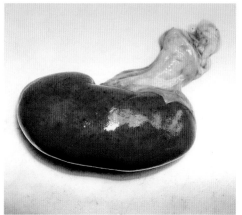

图 1-7　肾脏表面有小出血点

图 1-8　膀胱内膜有出血点

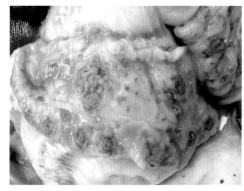

图 1-9　回盲瓣有纽扣状溃疡灶

图 1-10　脾脏边缘有梗死灶

诊断

猪瘟的诊断方法很多，其中常见的有用病死猪的淋巴结、扁桃体进行免疫荧光抗体切片诊断；用全血或血清进行酶联免疫吸附试验诊断；用淋巴结、脾脏、肾脏等病料研磨后加抗生素接种家兔进行兔体免疫交互试验；用淋巴结、肾脏、扁桃体等病料进行聚合酶链式反应试验等。其中，聚合酶链式反应诊断方法最准确。

预防

首先，猪场要加强饲养管理，做好生物安全工作。尽量做到自繁自养，并加强环境消毒工作，对病死猪、废弃物、污水等都应做到无害化处理。其次，做好猪场猪瘟疫苗防疫工作。目前市面上有猪瘟脾淋苗、猪瘟组织苗、猪瘟细胞苗等多种疫苗。种公猪和母猪的猪瘟免疫多采用每年2次的免疫模式（即每年春秋各免疫1次或母猪每胎在仔猪断奶时免疫1次）。保育猪和架子猪的猪瘟免疫程序因不同猪场而异。目前常见有如下3种免疫模式：第一，在安全地区，在仔猪断奶时免疫1次猪瘟疫苗即可。第二，在环境复杂或受威胁的猪场则在25日龄时和65日龄时各免疫1次猪瘟疫苗。第三，在环境污染严重或本身已有猪瘟病原感染的猪场，则采用超前免疫（小猪出生后立即免疫猪瘟疫苗，1～2小时之后才哺初乳）、35日龄二免以及70日龄三免的3次免疫程序。此外，平时还要做好疫苗免疫后的抗体监测工作，一旦发现免疫抗体保护率低于70%时要找出原因，并及时地调整免疫程序或调整疫苗种类，以免因免疫空档而发生疫病。

处理

当猪场发生猪瘟疫情时，首先要做好隔离、消毒工作，对病猪要坚决淘汰，并对病死猪、废弃物、污水等进行无害化处理，杜绝疫情的传播蔓延。其次，对猪场内假定健康猪或周围受威胁猪进行紧急免疫（最好选用猪瘟脾淋苗）。第三，对自繁自养的母猪场，其所生的仔猪出生后要采取超前免疫、35日龄二免和70日龄三免的免疫程序。按这种程序操作3～6个月后，若猪群健康，无发现新的猪瘟病例，就可恢复到25日龄一免、65日龄二免的免疫程序。

2．猪伪狂犬病

流行特点和症状

猪伪狂犬病可导致妊娠母猪流产（图1-11）、产死胎、产弱仔、产木乃伊胎，母猪减食，具有传染性；同时常造成母猪乏情、返情和屡配不孕等繁殖障碍。公猪可出现睾丸肿胀、性功能下降症状，从而影响繁殖性能。仔猪可出现顽固性拉稀和神经症状。具体来说，仔猪出生时都很健康，膘情也很好，一段时间后一些仔猪就出现顽固性拉稀（拉黄色黏液性粪便），用抗生素和磺胺类药物治疗均无效果。有些仔猪站立不稳倒地，呈角弓反张，口角还有一些白色泡沫流出（图1-12、图1-13），发病率和死亡率均可达到50%～100%。断奶后保育猪零星出现脑神经症状（图1-14），小猪会出现间歇性抽搐，倒地呈角弓反张症状，持续4～10分钟后，有时症状可缓解，过一段时间又重复出现。出现脑神经症状的仔猪或小猪几乎100%死亡，但发病率相对较低，往往是零星散发。育肥中大猪可出现严重的呼吸道症状，如喘气、张口呼吸（图1-15），发热倒地（图1-16），症状类似猪流感，发病率50%～100%，死亡率可达20%～50%。对育肥猪的生长、饲料报酬也会有影响。

图1-11　怀孕母猪出现流产现象

图1-12　仔猪出现口吐白沫、角弓反张症状

图1-13　仔猪出现角弓反张症状

图1-14　保育猪出现角弓反张等脑神经症状

图 1-15　张口呼吸

图 1-16　发热倒地

病理变化

　　仔猪和小猪的脑膜出现充血和出血病变（图 1-17），扁桃体出现点状或大面积坏死灶（图 1-18），肝脏略肿大、淤血，有时在肝脏表面和实质内出现点状或片状坏死灶（图 1-19），有时脾脏也有梗死灶（图 1-20）。肾脏表面有针

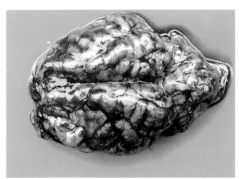

图 1-17　脑膜出现充血和出血病变

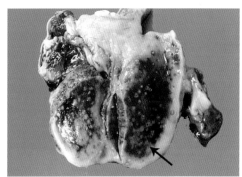

图 1-18　扁桃体出现坏死灶

图 1-19　肝脏肿大，表面出现坏死灶

图 1-20　脾脏表面出现梗死灶

尖大小的出血点（图 1-21）。肠道有出血性或卡他性炎症。此外，在中大猪病例中，可见肺脏出现肉样病变、胸腔积液严重（图 1-22）、喉头水肿等病变。

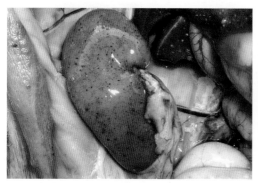

图 1-21　肾脏表面出现小出血点

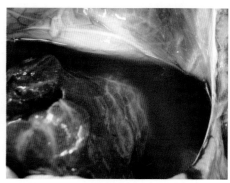

图 1-22　胸腔积液严重

诊断

本病的诊断主要有 3 个方法：第一，取病死猪的淋巴结、扁桃体、小脑进行免疫荧光抗体切片诊断（图 1-23）。第二，取病死猪的淋巴结、扁桃体、小脑进行聚合酶链式反应试验。第三，取病死猪的脑组织、淋巴结用生理盐水制成 1∶10 的组织悬液，同时加入适量青霉素、硫酸链霉素，取 1 ~ 2 毫升对家兔进行皮下或肌内接种。2 ~ 3 天后，若家兔出现

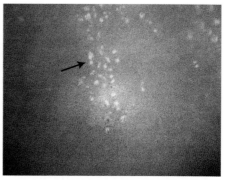

图 1-23　镜检可见黄绿色荧光

局部奇痒表现，多数在 3 ~ 5 天内死亡，也可确诊。此外，可通过采血检查猪群血液中有无伪狂犬病毒 gE 抗体来判断猪群有无野毒感染。

预防

首先，要做好猪场的生物安全工作，积极开展灭鼠工作，严禁狗、猫、野生动物进入猪场。其次，做好本病的疫苗接种工作。猪伪狂犬病的疫苗有灭活疫苗和活疫苗两大类，其中活疫苗又分为 Bartha 株单基因缺失、双基因缺失、多基因缺失等几种基因缺失活疫苗。灭活疫苗有 Bartha 株和变异株基因缺失灭活疫苗。母猪和公猪的免疫程序有两种：每年"一刀切"接种 3 ~ 4 次活疫苗；在母猪产

前1个月左右免疫1次。小猪的免疫程序是：10日龄以内滴鼻活疫苗（首免），40日龄肌内注射活疫苗（二免），100日龄左右肌内注射活疫苗（三免）。此外，也可采用10日龄内滴鼻活疫苗（首免），40日龄左右肌内注射活疫苗（二免）的同时，在另一边再注射猪伪狂犬病灭活疫苗。

处理

猪场发生猪伪狂犬病时，唯一的处理办法就是紧急免疫接种猪伪狂犬病基因缺失活疫苗，其中10日龄以内的仔猪可通过滴鼻免疫，10日龄以上的肉猪及种猪可通过肌内注射免疫接种。疫苗处理后4～5天即可稳定病情。此外，对病死猪及其排泄物都要严格进行无害化处理。对有发生过本病的猪场一定要加强本病的免疫工作。

3．猪传染性胃肠炎

流行特点和症状

本病常见于每年的11月至次年的4月间，农历春节前后是这种疫病发生的高峰期。猪场一旦感染本病病原，各种日龄的猪均可发病，主要表现为呕吐、不吃、拉稀，先拉黄色水样稀粪（图1-24），后拉灰色水泥样浓稠粪便（图1-25），多数中大猪和母猪拉稀5～7天后会自行康复，极少数会脱水死亡。仔猪由于拉稀造成严重脱水，死亡率可高达100%。日龄越小，死亡率越高。耐过猪有坚强的免疫力。

图1-24　拉黄色稀粪

图1-25　拉水样或水泥样稀粪

病理变化

中大猪主要病变是胃炎、肠炎及脱水（图1-26）。仔猪则全身脱水明显，胃内有充盈的凝乳块，胃黏膜充血、出血明显（图1-27、图1-28），小肠内充满黄色液体，乳糜管内无脂肪颗粒，肠淋巴结水肿，有时也可见到肾脏表面有小出血点。在普通显微镜下可见到肠绒毛严重萎缩和脱落。

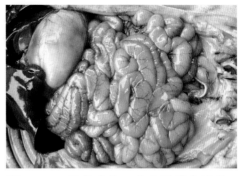

图1-26　肠炎病变，内充满黄色液体

图1-27　胃底出血，呈粉红色

图1-28　胃黏膜出血

诊断

在临床上通过症状、病程、病变以及预后情况可做出初步诊断。要确诊还有赖于病毒分离和聚合酶链反应试验，或通过猪小肠制成冰冻切片后用相应的免疫荧光抗体染色镜检诊断，或用猪传染性胃肠炎胶体金抗原诊断卡进行诊断（图1-29）。此外，也可用血清学进行诊断。

图1-29　猪传染性胃肠炎胶体金抗原诊断卡

预防

本病的预防，首先要做好饲养管理工作，特别是在本病易发生季节要做好猪舍的保温工作。其次，要做好疫苗免疫。目前有猪传染性胃肠炎－猪流行性腹泻－猪轮状病毒病的二联或三联灭活疫苗和活疫苗等多种疫苗。具体免疫方法和免疫

剂量参照说明书使用。种猪可用灭活疫苗和活疫苗，每年分别免疫 2 ～ 3 次，小猪用活疫苗免疫 1 ～ 2 次。

处理

猪场发生猪传染性胃肠炎时，首先做好消毒、隔离工作，防止疫情的扩散。第二，加强饲养管理。具体包括采取保温、控料、补液等措施，其中控制中大猪、母猪的饲料采食量是缩短发病持续时间的重要环节。第三，对症治疗。使用抗生素控制继发感染，肌内注射猪干扰素，使用人工补液盐控制和缓解脱水症状，这些方法都有助于提高本病治愈率。第四，使用活疫苗免疫接种。自繁自养的母猪场发生本病时，可导致仔猪大面积死亡，所以对于未免疫母猪所生的新生仔猪，出生后要立即内服 1 毫升活疫苗进行超前免疫。对于母猪有进行疫苗免疫的仔猪，可安排 7 ～ 10 日龄肌内注射 1 毫升活疫苗进行免疫预防。

4. 猪流行性腹泻

流行特点和症状

猪流行性腹泻的发病猪和病后耐过猪及受污染的物品等都是本病的传染源。当一个猪场中一部分猪感染本病病原后，其所排出的粪便、尿液极易污染该场的水源、饲料，使其他猪直接接触到病原而迅速感染发病。另外，本病康复后的病猪，可在较长时间内继续排出病原，也是猪场重复感染病原的重要传染源。本病的传播途径主要是经口直接传染。其中最主要的是病猪或康复猪排出的带病原粪便污染了饲料或饮水而造成直接传染。此外，场外的闲杂人员、运输车、工作人员的鞋以及猪场的蚊、蝇、老鼠等也可间接传染。另外，有人报道，本病病原还可以经呼吸道传染或经过人工授精的精液而传染。

本病病原可导致不同日龄猪和不同品种猪发病。其中以仔猪和断奶保育猪的病情比较严重。本病一年四季均可发生，但多数病例都集中在天气寒冷的冬春季节（即每年的 11 月至次年的 5 月）。有时在夏秋季节也可见到本病的零星发生，冬春寒冷天气或天气突然变冷时可诱发本病，也可加剧本病的病情。所以，在冬春寒冷季节里，可见本病在许多地区形成地方性流行。

猪流行性腹泻的临床症状可因猪的免疫力、发病猪日龄及不同流行毒株等不同而异。一般表现为水样腹泻，粪便呈黄色"蛋花样"（图 1-30），并有恶臭味，全身脱水症状明显（图 1-31），多数体温正常，少数体温升高 1 ～ 2℃，后

图 1-30　拉"蛋花样"稀粪　　　　图 1-31　仔猪严重脱水

期体温下降，并有不同程度的呕吐症状。对仔猪来说，首先表现为呕吐症状，多发生于吮乳之后，吐出的内容物为带黏液的黄白色胃内容物，接着出现水样腹泻，腹泻物呈黄色、灰色或透明水样或呈"蛋花样"，顺肛门流出，沾污臀部；严重的病例病猪在肛门下方可见皮肤发红，全身脱水严重，眼窝下陷，行走蹒跚，食欲减退或停食，腹泻 3 ～ 4 天后因脱水严重而死亡，发病率达 100%，死亡率达 50% ～ 90%。发病率和死亡率的高低与母猪是否进行疫苗免疫和有无发生过本病有关。同窝仔猪之间传染快，在 1 ～ 2 天内都会发病，不同窝之间的传染速度会慢些，整个猪场的病程可持续 1 ～ 2 个月，有的甚至更长时间。对保育小猪来说，个别猪也会有呕吐症状，多数小猪在短时间内都表现水样腹泻，早期拉黄色水样稀粪，到中后期（5 ～ 6 天后）则为灰黄色黏稠状稀粪，发病率也可达 100%，但死亡率相对较低些（5% ～ 20%）。对中大猪和种猪来说，个别猪也会出现呕吐现象，精神沉郁，不吃食或少食，猪群出现不同程度的拉稀症状，有的不表现拉稀症状，发病率 10% ～ 90%（发病率高低与猪群是否免疫相关疫苗及饲养管理好坏有关），但死亡率很低（1% ～ 3%），绝大多数病猪在发病 5 ～ 7 天后康复，极少数病程会持续 10 天以上。此外，哺乳母猪还会出现无乳或哺乳量减少现象。

值得一提的是，发生猪流行性腹泻后，病猪抵抗力下降，有可能继发猪沙门菌病、副猪嗜血杆菌病等疾病，使病情变得更加复杂化，需加以认真鉴别诊断。与猪传染性胃肠炎相比，猪流行性腹泻在猪群中持续时间相对较长（慢性病例可持续 1 ～ 2 个月时间）。

病理变化

本病的主要病变在胃和小肠，可见小肠膨胀、肠壁变薄、肠内蓄有黄色液体或气体。肠系膜充血，淋巴结肿大、水肿。在仔猪的胃内有大量的黄白色凝乳块（图1-32），有时也可见胃内黏膜出现不同程度的充血和出血，胃呈淡红色（图1-33）。组织学检查可见小肠绒毛细胞脱落或形成空泡，肠绒毛萎缩变短。在结肠内可见细胞空泡化，但未见到脱落。病死猪尸体消瘦脱水，皮下干燥，眼球凹陷。与猪传染性胃肠炎相比，本病的胃内膜出血没有猪传染性胃肠炎那么明显，肠黏膜上的肠绒毛萎缩变短、脱落也没有猪传染性胃肠炎那么明显。

图1-32　胃内积有凝乳块

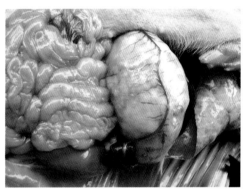

图1-33　胃底出血，呈淡红色

诊断

本病的诊断方法有多种，包括免疫荧光抗体切片诊断、微量血清中和试验诊断、酶联免疫吸附试验诊断、聚合酶链式反应试验诊断以及胶体金抗原诊断卡（图1-34）诊断等。其中，聚合酶链反应试验被广泛应用于本病的确诊。此外，胶体金抗原诊断卡诊断因操作简便、诊断速度快，也被广泛用于本病的诊断。

预防

本病在预防上，首先要做好疫苗免疫工作。对所有种猪一年要免疫3～4次的猪传染性胃肠炎-猪流行性腹泻二联灭活疫苗或活疫苗，或猪传染性胃肠炎-猪流行性腹泻-猪轮状病毒病的三联灭活疫苗。具体来说，

图1-34　猪流行性腹泻胶体金抗原诊断卡

在每年入冬之前（即每年 10 ~ 11 月）要对所有种猪分别免疫 2 次的二联或三联灭活疫苗或活疫苗，每次间隔 20 天，并采用后海穴注射，以后每隔 3 ~ 4 个月重复免疫 1 次。对仔猪或小猪酌情减少剂量，这对预防本病有一定效果。若只免疫 1 ~ 2 次上述疫苗，则免疫效果比较差。此外，据报道，当猪场发生本病时，对其他假定健康仔猪肌内注射或内服猪传染性胃肠炎 - 猪流行性腹泻 - 猪轮状病毒病的三联活疫苗，对预防本病有一定效果。其次，要加强饲养管理。种猪引进后要隔离饲养 15 天以上，在冬春寒冷季节严禁从疫区引进种猪。要做好猪舍的防寒保暖和通风工作，保持猪舍干燥。在饲养上要提高饲料的能量水平，并提供充足的饮水（有条件的提供温水，预防效果更好）。此外，还要做好猪舍环境卫生工作，定期消毒，必要时可定期添加大蒜素、土霉素等药物进行保健预防。

处理

首先采取饥饿疗法。中大猪或保育猪发生本病时，要采取停食或大幅度限食措施。具体做法是：首先，清理猪栏内剩余的饲料，并做好猪舍内环境卫生，停食时间持续 2 ~ 3 天。在停食过程中为了防止猪拉稀脱水，要在食槽内放入一些干净的淡盐水或补液盐，这样有助于缩短病程，降低死亡率。其次，采用药物治疗。本病是由病毒引起，目前尚未有特效的治疗药物。但是可以使用一些药物来减轻腹泻症状，如内服思密达或硅铝酸盐进行治疗，连用 3 ~ 5 天，有的可内服络合碘制剂进行治疗。此外，对个别拉稀严重的病猪肌内注射猪干扰素、猪白细胞介素、博洛回注射液、硫酸阿托品注射液等药物中的一种，可有效地控制腹泻症状，降低死亡率。

5．猪轮状病毒病

流行特点和症状

多数猪场都存在本病，其中新猪场比老猪场严重些。当饲养管理不良（如母猪奶水少、环境温度变化大、环境卫生差等）时易诱发本病。本病常发生于 60 日龄以内的小猪，日龄越小，发病越严重，死亡率越高。中大猪多为隐性感染，不表现症状。仔猪主要表现为精神委靡、厌食并有呕吐和顽固性水样腹泻症状，粪便为黄色或白色，有的呈乳油样，含絮状物（图 1-35）。病程可持续 1 ~ 2 周。传染性不强，往往在一窝内相互传染，有时也会传给临近几窝小猪。

病理变化

没有特征性病变，主要病变是小肠乳糜管内有不等量的脂肪，小肠壁变薄，肠绒毛中等萎缩，肠内充满黄色或灰白色液体和絮状物，肠系膜淋巴结肿大。

图1-35　仔猪拉黄色稀粪，内含絮状物

诊断

在临床诊断上要与非典型性猪瘟、猪伪狂犬病、猪传染性胃肠炎、猪流行性腹泻以及猪球虫病、猪大肠杆菌病等鉴别诊断。本病须通过酶联免疫吸附试验方法检测粪便或肠内容物中的猪轮状病毒抗原而确诊，也可采用轮状病毒胶体金抗原诊断卡（图1-36），进行快速诊断而确诊。

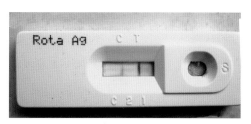

图1-36　轮状病毒胶体金抗原诊断卡

预防

第一，加强饲养管理。做好母猪分娩舍的环境卫生和保温工作，加强母猪的饲养管理，保证母乳充足供应，及时做好仔猪黄白痢防治工作，以免继发感染猪轮状病毒。第二，在本病常发猪场，母猪产前6周和2周要各免疫注射1次猪轮状病毒病的灭活疫苗或三联灭活疫苗（剂量按说明书），对预防本病有一定效果。

处理

本病的治疗措施包括使用抗生素控制继发感染；使用猪干扰素或鸡新城疫Ⅰ系苗诱导产生干扰素，提高仔猪自身抗病力；使用人工补液盐控制和缓解脱水症状。此外，还要做好保温、护理等管理工作。

（二）细菌性病因

1. 猪大肠杆菌病

流行特点和症状

由大肠杆菌导致猪拉稀的病例，在临床上可表现为仔猪黄痢、仔猪白痢，以及由其他病因继发大肠杆菌病后产生腹泻等情况，其中以仔猪黄白痢最为常见。

仔猪黄痢一般发生于7日龄以内的仔猪，主要表现为拉黄绿色稀粪，粪内含凝乳片和小气泡，腥臭（图1-37～图1-39），仔猪拉稀后迅速消瘦（图1-40）、脱水和死亡，死亡率可达50%以上。仔猪白痢多发生在7日龄至断奶之间，主要表现为拉黄白色稀粪，干涸后为瓷白色（图1-41），病猪的体温和食欲无明显变化，但可明显看到病猪皮毛粗糙，发育迟缓，经治疗后绝大多数可恢复正常，死亡率较低。

图1-37　仔猪拉黄色稀粪（一）

图1-38　仔猪拉黄色稀粪（二）

图1-39　仔猪拉绿色水样稀粪

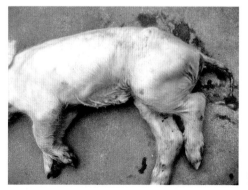

图1-40　仔猪消瘦，拉黄色稀粪

图1-41　仔猪拉黄白色稀粪，干涸后呈瓷白色

病理变化

黄痢死亡的仔猪，脱水病变明显（消瘦、眼球凹陷），胃空虚，肠道胀气，内含多量黄绿色液体（图1-42），肠黏膜充血、出血，有时肾脏有针尖状出血点（图1-43），肠系膜淋巴结肿大（图1-44）。白痢死亡的仔猪，尸体有不同程度的消瘦和脱水病变，胃有乳白色凝乳块，胃黏膜充血，小肠

图1-42　仔猪胃空虚，肠道胀气，内含黄绿色液体

图1-43　仔猪肾脏表面出现小出血点

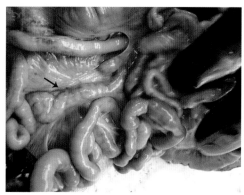

图1-44　仔猪肠系膜淋巴结肿大

有卡他性肠炎，大肠内积有乳白色糊状内容物。

诊断

取病死猪的肠内容物或淋巴结可分离出致病的大肠杆菌。值得一提的是，若能在淋巴结或十二指肠前段分离到致病性大肠杆菌则具有诊断意义；若在小肠后段以及粪便中分离到大肠杆菌，还要进一步进行生化鉴定看看是否为致病性大肠杆菌。

预防

仔猪黄白痢的预防要做好4个方面工作：第一，母猪在产前30天和15天分别注射1次大肠杆菌K88、K99、987P三价灭活疫苗或K88、K99双价基因工程疫苗，这对保证初乳中有较高的母源抗体而保护仔猪（预防黄白痢）有一定效果。

第二，做好母猪产前、产后的饲养管理工作，使母猪吃料正常，不发生母猪乳房炎、子宫内膜炎综合征，保证初乳的正常供应，这对预防仔猪黄白痢至关重要。第三，做好分娩舍的保温、防潮工作，也是预防仔猪黄白痢的重要技术环节。第四，使用一些保健药物提高仔猪抵抗力，防止仔猪拉稀。如出生时灌服某些抗生素或 EM 菌（有效微生物群），出生第 3 天肌内注射牲血素或猪白细胞干扰素等。

治疗

治疗仔猪黄白痢的方法和药物非常多。按照治疗方法可分为口腔灌服治疗、肌内注射治疗、腹腔注射治疗（少用）、后海穴注射治疗、母猪内服药物后通过奶水间接治疗、饮水拌料治疗等。按药物种类不同可分为抗生素、磺胺类药物、干扰素、补液盐、收敛止泻药、助消化药、微生态制剂等。常用内服的药物有恩诺沙星、土霉素、盐酸小檗碱、硫酸新霉素、硫酸阿米卡星、硫酸庆大霉素、硫酸黏菌素、乙酰甲喹、磺胺类药物等。常用肌内注射的药物有乳酸环丙沙星、恩诺沙星、硫酸庆大霉素、硫酸阿米卡星、硫酸安普霉素、氟苯尼考、磺胺类药物、乙酰甲喹、盐酸小檗碱等。有条件的地方可根据药敏试验结果筛选敏感药物进行防治，以提高治疗效果，节省药费，降低死亡率。

2．仔猪副伤寒

流行特点和症状

本病主要发生在 2～4 月龄的仔猪上。病猪主要表现为精神委顿，食欲减少，并出现顽固性拉稀，粪便为水样或黄绿色带纤维絮状物（图 1-45）。几天后，耳朵、嘴巴、腹下、四肢末端皮肤呈紫红色（图 1-46）。目前，本病在集约化大猪场中发病率较低，只有在农村散养户中仍有零星发生。

图 1-45　拉黄绿色稀粪　　　　　　图 1-46　耳朵、嘴巴等处皮肤发红发紫

病理变化

除了皮肤出现紫红色变化外，最主要病变是盲肠、结肠出现局灶性或弥漫性增厚坏死，肠黏膜表面覆盖一层糠麸样坏死组织（图1-47、图1-48）。其他内脏器官有时也有坏死性病变。

 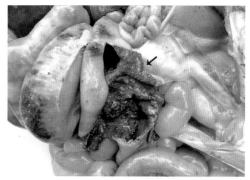

图1-47　结肠内壁出现糠麸样坏死病变　　图1-48　大肠壁出现坏死病变

诊断

在临床上从顽固性腹泻和后期耳朵、腹下皮肤呈发紫红色可做出初步诊断。取病死猪的肝脏、脾脏、淋巴结等病变组织做进一步细菌分离培养出沙门菌（图1-49），即可确诊。

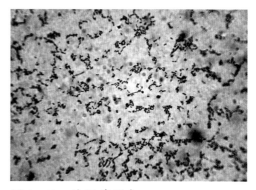

图1-49　沙门菌形态

预防

第一，在本病常流行的地区或猪场要免疫接种仔猪副伤寒活疫苗（30日龄左右仔猪免疫1头份），对预防本病有一定效果。第二，加强饲养管理。包括做好环境卫生，尽量减少断奶、转群、气候转变等不良应激，在小猪断奶后一段时间内定期添加广谱抗生素（如氟苯尼考、硫酸新霉素、喹诺酮类药物）以及磺胺类药物等进行预防。

治疗

对于病症较轻的病例，可在每1000千克饲料中添加盐酸金霉素300克、磺胺二甲基嘧啶300克进行治疗，同时肌内注射氟苯尼考注射液（每千克体重

10～30毫克），连用3～5天，有较好效果。若耳朵、腹下等皮肤发红紫，则预后不良。有时用维生素C注射液和磺胺间甲氧嘧啶钠注射液分别进行肌内注射有一定效果。

3．仔猪红痢

流行特点和症状

本病是由 C 型魏氏梭菌感染引起新生仔猪的一种肠毒血症，多发生于7日龄内仔猪。病猪主要表现为仔猪排出红褐色血样稀粪，腥臭味，粪便中带有少量组织碎片和气泡。有时粪便的颜色为浅红色或巧克力色（图1-50）。病程短，死亡率高。若日龄超过7天，则表现为间歇性或持续性腹泻，粪便为黄褐色并带黏液，病猪生长缓慢，最后逐渐衰竭而死亡。

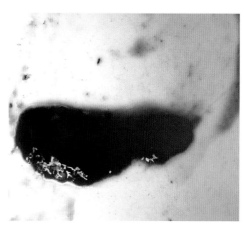

图 1-50　仔猪拉巧克力样稀粪

病理变化

病死猪的空肠为暗红色，出现出血性肠炎病变（图1-51），肠腔内容物呈红褐色并混杂小气泡，有时本病可波及回肠前段，并与正常肠段界限分明。病变肠管的黏膜广泛性出血（图1-52），有时肠黏膜上覆盖以褐色坏死性伪膜。有

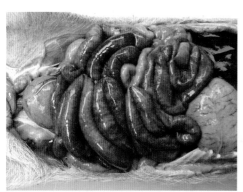

图 1-51　空肠出现出血性肠炎病变

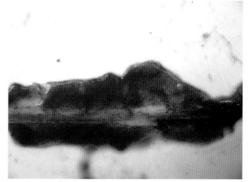

图 1-52　小肠黏膜出现出血病变

时在空肠、回肠病变肠段的浆膜下可见数量不等的小气泡。肠系膜淋巴结肿大或出血。

诊断

根据仔猪发病日龄在 7 日龄内，以及拉血样粪便、死亡快、空肠黏膜出血等症状和病变可做出初步诊断。本病的确诊要做肠道细菌的分离鉴定以及肠内毒素的检查。

预防

第一，在本病经常发生的母猪场可安排在母猪产前 30 天、15 天各免疫注射 1 次仔猪红痢灭活疫苗 5 ~ 10 毫升。第二，加强母猪和仔猪的饲养管理，特别是要做好猪舍的清洁卫生，定期消毒。第三，药物预防。仔猪出生后可内服一些药物（如恩诺沙星、土霉素）进行预防。

治疗

本病由于发病急、死亡率高，治疗效果比较差。具体治疗方法可参照猪大肠杆菌病。

4．猪增生性肠炎

流行特点和症状

本病是由劳森菌引起的一种导致猪回肠产生增生病变的细菌性传染病，又称猪回肠炎，主要发生于 6 ~ 20 周龄的生长育肥猪。仔猪或成猪多呈隐性感染或呈现慢性经过，主要表现为精神沉郁，消瘦，食欲减少，皮肤苍白，粪便变稀或间歇性下痢，粪便或呈红褐色（图 1-53），或呈黑色焦油样稀粪。慢性病例病猪则表现为贫血、生长缓慢。发病率 5% ~ 25%，死亡率较低，但有时可达 10%。

病理变化

本病的全身性病变主要为贫血、消瘦。局部的病变集中在回肠，有时可蔓延到盲肠和结肠。回肠壁增厚如硬管状（习惯上称"袜管肠"，图

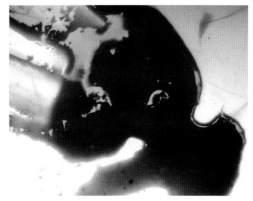

图 1-53　粪便呈红褐色

1-54），打开肠腔可见肠内容物空虚，肠壁上的皱褶非常明显（类似大脑的脑回，图1-55）。有时肠壁出现坏死病变。有时在盲肠和结肠也可见到肠壁增厚病变，结肠内可见黑色焦油状内容物。肠系膜淋巴结肿大。

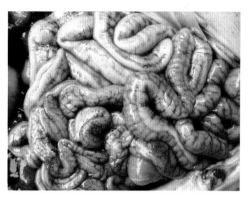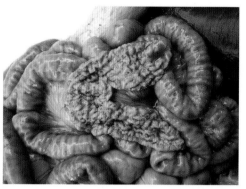

图1-54　回肠壁增厚如硬管状　　图1-55　肠壁皱褶明显，并出现坏死病变

诊断

根据本病的症状、病变可做出初步诊断。用回肠黏膜涂片，再用改良的抗酸染色法或姬姆萨染色法染色镜检，如增生性肠管上皮细胞内有大量小弯杆菌（长度为1.25～1.75微米），即可确诊。此外，也可以聚合酶链式反应试验进行确诊。此外，还可抽取猪血，采用酶联免疫吸附试验检测本病病原的抗体。劳森菌寄生细胞内，不易进行细菌培养。

预防

第一，加强猪场的饲养管理，实现全进全出的饲养制度，搞好环境卫生，加强消毒工作。第二，由于本病被多数人认为是多因素、多病原共同产生作用的（特别是与猪圆环病毒病、猪痢疾等疾病有关），所以在预防上可选用磷酸泰乐菌素、替米考星、延胡索酸泰妙菌素等药物配合四环素类、磺胺类药物。各猪场可根据本场发病情况采用间歇性给药。

治疗

本病的治疗，可选用磷酸泰乐菌素、替米考星、延胡索酸泰妙菌素等药物配合四环素类、磺胺类药物。由于劳森菌寄生细胞内，在治疗时必须连用10～15天（1个疗程），同时间隔2周后还要再重复1～2个疗程。

5. 猪痢疾

流行特点和症状

本病是由猪痢疾密螺旋体引起的一种以黏液性、出血性下痢为特征的传染病，又称猪血痢。各种品种、日龄的猪均可感染，但以 7～10 周龄的猪易发。病猪主要表现为出现黏液性、出血性腹泻（图 1-56）。粪便中含有胶冻样黏液或血液或脱落的肠黏膜组织碎片，腥臭味。病猪食欲减退，口渴增加，弓背吊腹，不同程度脱水、消瘦和贫血。一栏内的猪传播速度快，但在整个猪场中传播较

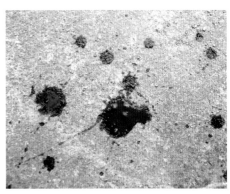

图 1-56　拉带黏液、血液的稀粪

慢。急性病例病猪死亡快，若及时治疗，那么死亡率较低。有些慢性病例病程可持续 1 个月。

病理变化

大肠壁和肠系膜充血、水肿，大肠内容物混有血液、黏液以及组织碎片（图 1-57），大肠黏膜表面形成一层麸皮状假膜。严重时，可见结肠和盲肠壁大面积坏死（图 1-58）。

图 1-57　肠内容物混有血液、黏液及组织碎片

图 1-58 结肠和盲肠壁大面积坏死

诊断

结肠黏膜或粪便在显微镜下可检查到猪痢疾密螺旋体（图1-59）。

预防

要求自繁自养，不从有本病史的猪场引种，同时注意加强饲养管理，做好猪舍卫生、饲料卫生、饮水卫生。遇到冬春寒冷季节还要做好猪舍的清洁干燥、防寒保暖工作。

治疗

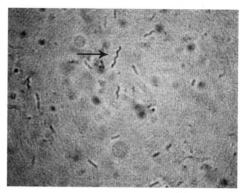

图1-59 显微镜下可检出猪痢疾密螺旋体

发病时有很多药物都有治疗效果，如乙酰甲喹、磺胺类药物等。其中乙酰甲喹是首选药物，按照0.01%～0.03%用量拌料饲喂，连续用药3～4天即可控制病情。此外，若病情严重可配合使用止血药物和其他肠道消炎药。

（三）寄生虫性病因

1. 猪球虫病

流行特点和症状

猪球虫病是由猪等孢球虫（约占80%）和某些种类的艾美耳球虫（约占20%）寄生于仔猪或小猪小肠上皮细胞内所引起的、以腹泻为主要症状的原虫病。一年四季均可发生，但夏秋季节的发病率要高于冬春季节。不同日龄猪均可感染，5～50日龄小猪最易发病，其中10日龄左右和断奶前后两个阶段是发病的高峰。据调查，猪球虫病的发生率可占仔猪腹泻性疾病的15%～20%，85%以上的猪场都不同程度地存在猪球虫病。其中，仔猪艾美耳球虫病主要表现为严重腹泻，粪便呈黏液状并带泡沫，褐色或黄绿色，常黏附于肛门口下方（图1-60、图1-61），仔猪脱水明显，多并发于猪毛首线虫病或其他肠道疾病。仔猪等孢球虫病主要表现为刚开始腹泻时粪便为糊状，2～3天后转为水样，黄色或灰白色，有酸臭味，多为单独发病，且发病率和死亡率都比较高（发病率达50%以上，死亡率达20%～50%）。

图 1-60　仔猪拉褐色黏液状稀粪　　　图 1-61　仔猪拉黄色黏液状稀粪

病理变化

除了全身脱水病变外，空肠和回肠呈卡他性肠炎，肠管肿大，肠内容物空虚或有大量黄绿色分泌物，肠黏膜表面有斑点状出血和坏死灶。肠系膜淋巴结肿大。

诊断

感染率普查时，可抽检仔猪粪便进行虫卵的检查（可直接镜检或用饱和盐水漂浮集卵后镜检）。对于病死猪可直接刮取空肠或回肠的肠黏膜或肠内容物进行镜检。其中猪艾美耳球虫可在肠上皮细胞内或肠内容物内见到大量成熟的裂殖体、裂殖子和椭圆形虫卵（图 1-62、图 1-63），虫卵经培养后含 4 个孢子化卵囊（图 1-64）。猪等孢球虫可在肠内容物中检出近圆形虫卵（图 1-65），有时还可见到双核型等孢球虫的虫卵（图 1-66），虫卵经培养后含 2 个孢子化卵囊（图 1-67），一般在拉稀 4～5 天后才能在粪便中检出猪球虫的虫卵。此外，可通过对虫卵的

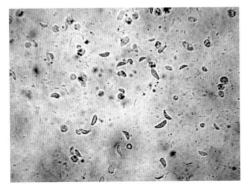
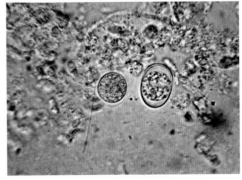

图 1-62　猪艾美耳球虫裂殖子　　　图 1-63　猪艾美耳球虫虫卵

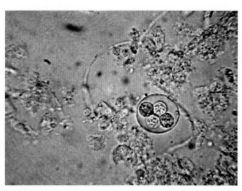

图 1-64　猪艾美耳球虫孢子化卵囊

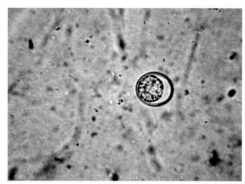

图 1-65　猪等孢球虫虫卵

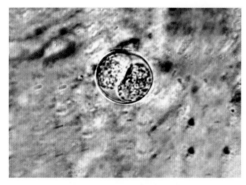

图 1-66　猪等孢球虫的虫卵（已分裂）

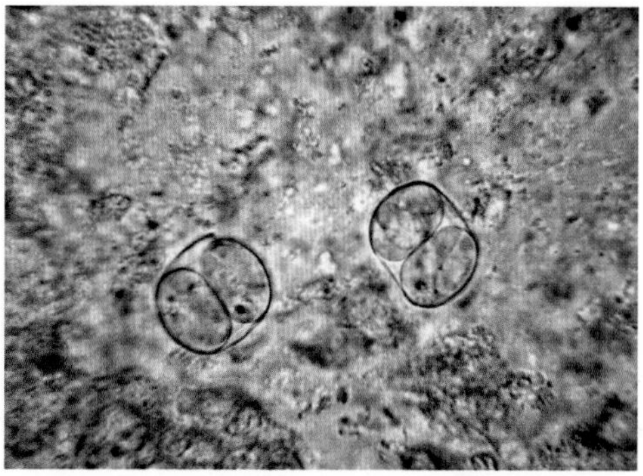

图 1-67　猪等孢球虫孢子化卵囊

体外培养来区别两种虫卵，猪艾美耳球虫的虫卵培养后卵囊内可发育为 4 个孢子囊，而猪等孢球虫的虫卵培养后卵囊内只有 2 个孢子囊。

预防

首先，母猪的分娩栏要做成高床，并采用漏粪地板，保持舍内干燥，这样可大大减少猪球虫病的发生概率。其次，做好母猪乳房和产房的清洁、消毒工作。第三，在仔猪出生后 5 ～ 10 天可用抗球虫药（如 5% 妥曲珠利）进行预防，有很好的效果。

治疗

一旦仔猪发生本病，可用 5% 的妥曲珠利 1 毫升灌服 1 ～ 2 次，此外也可选用磺胺氯吡嗪、地克珠利等其他抗球虫药物进行治疗。同时也可肌内注射磺胺间甲氧嘧啶钠进行配合治疗，具有很好效果。

2. 猪小袋纤毛虫病

流行特点和症状

本病是由结肠小袋纤毛虫寄生猪盲肠、结肠内导致猪拉稀的一种原虫病。不同日龄猪均可发生，但断奶后小猪的感染率和发病率均较高。本病可单独发生或与其他疾病并发（如猪大肠杆菌病、猪沙门菌病、猪毛首线虫病等），许多饲养管理不良因素均可诱发本病（如换料、环境卫生差、饲料霉变、天气转变、水质差等）。

图1-68 拉黏液状稀粪

主要表现为拉稀（图1-68），粪便颜色偏黑，有时带黏膜碎片。一般无体温升高反应。耐过后转为慢性时，病猪消瘦、贫血、生长缓慢。用一般抗生素治疗无效。

病理变化

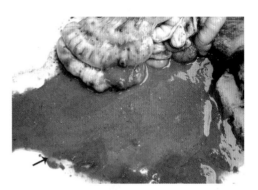

图1-69 粪便和大肠内容物的颜色偏黑

盲肠和结肠肥大，有时在肠壁上可见一些白色的结节状小斑点。肠内容物颜色偏黑（图1-69）。肠黏膜表现卡他性或出血性肠炎，有时可见一些溃疡灶（图1-70、图1-71）。肠内容物稀，

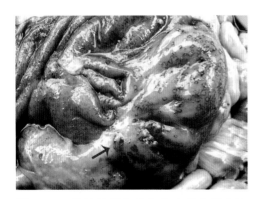

图1-70 结肠黏膜出现出血病变和溃疡灶

图1-71 结肠黏膜出现大量溃疡灶

呈黄绿色或黑色，肠系膜淋巴结肿大明显。

诊断

取少量新鲜粪便或少量肠黏膜刮取物，用生理盐水稀释后，涂布于载玻片上，覆上盖玻片，在显微镜下可见大量游动的小袋纤毛虫滋养体[圆形或梨形，大小为（30～200）微米×（25～120）微米，周身有纤毛，前端有胞口，图1-72、图1-73]。有时还可见到无运动性的包囊（直径为45～65微米，圆形，内有胞核，图1-74）。由于小袋纤毛虫病多与其他疾病并发，所以在显微镜下即使见到小袋纤毛虫滋养体也不能确认一定就是单纯的小袋纤毛虫病，还要检查其他项目（如猪大肠杆菌、猪沙门菌、猪毛首线虫、猪球虫等）进行综合诊断。

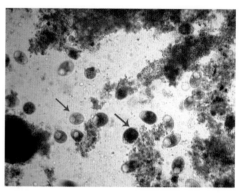

图1-72　猪小袋纤毛虫滋养体（放大100倍）

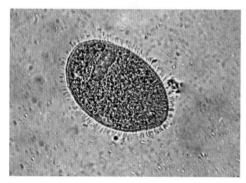

图1-73　猪小袋纤毛虫滋养体（放大400倍）

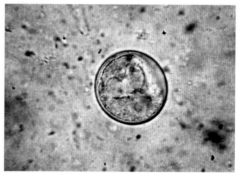

图1-74　猪小袋纤毛虫包囊

预防

首先，要做好猪舍的环境卫生和消毒工作，及时清除猪粪并进行无害化处理，防止饮水和饲料受到粪便污水污染。第二，做好饲养管理工作，特别是仔猪断奶后要正确投料，并做好保温工作，防止仔猪因饲养管理不良诱发小袋纤毛虫病。第三，本病发生比较严重的猪场，可在仔猪断奶后一段时间内阶段性添加甲硝唑、地美硝唑等药物进行预防。

治疗

本病的治疗可选用下列药物：甲硝唑，每头小猪每次250毫克左右，每头中猪每次1～4克，也可按每千克体重15～30毫克，每日1次，连用3天；地美硝唑，按每千克饲料添加20～40毫克，连用3天。若并发其他原因所致的拉稀，则要相应地添加其他抗生素（如硫酸新霉素等）或磺胺间甲氧嘧啶钠。

3．猪三毛滴虫病

流行特点和症状

本病是由三毛滴虫引起猪出现顽固性拉稀的一种原虫病。主要发生于断奶仔猪和保育小猪。仔猪主要表现为出现顽固性水样拉稀，消瘦，眼睛凹陷，全身脱水，背毛粗乱，肛门下方皮肤红肿（图1-75）。用一般抗生素治疗均无效。发病率可达70%以上，死亡率可达20%～50%。

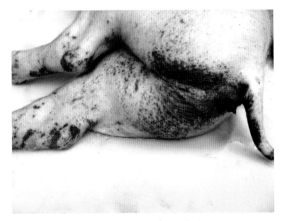

图1-75　仔猪肛门下方皮肤变红

病理变化

病死猪结肠和盲肠膨大明显，内充满空气和黄绿色液体（图1-76）。肠系膜淋巴结肿大，胃与小肠空虚，有少量黄色黏液。其他脏器无明显病变。

诊断

刮取病死猪结肠和盲肠的肠黏膜及肠内容物，加1～2滴生理盐水，盖上盖玻片，在中倍显微镜下（10×10）下可见大量游

图1-76　盲肠和结肠内充满空气和黄绿色液体

动的虫体。换到高倍镜（40×10）下可见大量梨形、月牙形不停游动的虫体，虫体长9～25微米，宽3～10微米（图1-77）。在油镜下可见到虫体前端有3根鞭毛。

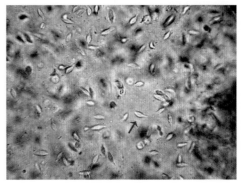

图1-77　猪三毛滴虫虫体

防治

加强饲养管理，做好猪舍环境卫生，特别要注意做好猪场饮用水的消毒工作。本病的治疗也是采用甲硝唑或地美硝唑（参考猪小袋纤毛虫病的防治）。

4. 猪毛首线虫病

流行特点和症状

本病是由猪毛首线虫寄生在猪的盲肠、结肠内导致猪拉稀的一种寄生虫病，又称猪鞭虫病。各种日龄的猪均可感染本病病原，但以2～5月龄猪为多见。轻度感染时，往往不表现明显的症状。重度感染时，可见猪出现顽固性拉稀，粪便中带黏液和血液（图1-78），同时病猪食欲不振、消瘦、脱水、贫血，病情进一步发展可出现衰竭而死亡。成年猪感染时一般症状不明显，但可成为带虫者。

图1-78　拉血痢

病理变化

剖检可见病死猪的盲肠和结肠肿大明显（图1-79），切开盲肠和结肠可见有很多毛首线虫的虫体寄生（图1-80），严重时可见肠黏膜出血或坏死。肠内容物较稀，并带黏液和血液。可视黏膜苍白。

诊断

从临床上顽固性拉稀，粪便带血，病死猪消瘦、贫血可做出初步诊断。确诊需在猪盲肠和结肠内发现大量的猪毛首线虫虫体（虫体呈乳白色，头部细而长，

图 1-79　盲肠和结肠肿大明显

图 1-80　盲肠和结肠内有大量白色毛首线虫虫体

尾部粗而短。雄虫体长 30 ~ 40 毫米，尾端呈螺旋状卷曲。雌虫体长 40 ~ 50 毫米，尾直，末端呈圆形。图 1-81）。此外，虫卵检查也是诊断本病的方法之一。可直接取粪便涂片或用饱和硝酸钠溶液及饱和食盐溶液进行漂浮后镜检。毛首线虫的虫卵形态比较有特色，呈椭圆形"腰鼓"状，两端有两个形如瓶塞的结节（图 1-82）。

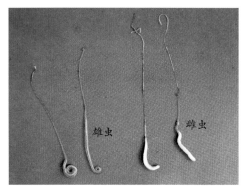

图 1-81　猪毛首线虫雄虫、雌虫

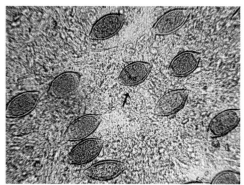

图 1-82　猪毛首线虫虫卵

防治

首先，做好猪舍的环境卫生，保持清洁干燥，使之不利于虫卵的发育，阻断猪毛首线虫的发育过程。其次，用比较理想的药物进行防治。防治本病的常见驱虫药有：阿苯达唑，内服剂量为每千克体重 5 ~ 20 毫克；芬苯达唑，内服剂量为每千克体重 5 ~ 20 毫克。此外，盐酸左旋咪唑，内服剂量每千克体重

15 ~ 20毫克，也有一定效果，但效果不如前两者。阿维菌素、伊维菌素对本病的防治作用较差。值得注意的是，有发生过本病的猪场，易形成疫源地，平时要加强环境卫生和定期驱虫（每隔2个月全场驱虫1次）。

（四）管理性病因

1．母猪饲养管理原因

仔猪腹泻与母猪的饲养管理好坏息息相关。导致仔猪腹泻的母猪饲养管理方面的原因主要有以下两点。

①饲料问题：母猪的饲料配方和采食量要达到标准，仔猪才能获得足够的奶水，否则仔猪会因缺少初乳而造成先天性免疫力不足，易发生腹泻现象。母猪围产期饲料配方中麸皮含量要适当增加，这样母猪粪便松软，可减少便秘发生；维持正常采食量，保证仔猪获得充足奶水；母猪所采食饲料要新鲜，忌用霉变和脂变饲料，否则易造成母猪拉稀，连锁导致仔猪拉稀。

②管理问题：母猪临产前5 ~ 7天要开始减料，产后逐渐增料，并及时清除母猪料槽中的剩料，保证母猪每次吃的饲料都是新鲜的。产后几天要强迫母猪站立、运动，促进母猪产后恢复。为了提高产后母猪食欲，最好喂湿拌料，还可适当地配合喂一些青饲料。产后母猪可增加饲喂次数（每天可喂4次）。母猪围产期的卫生保健也要跟上，如产房要消毒、母猪乳房也要消毒，可在围产期饲料中添加一些抗应激药品和广谱抗生素（如阿莫西林、盐酸林可霉素硫酸大观霉素预混剂等），防止母猪发生子宫内膜炎和乳房炎，从而达到减少仔猪拉稀的目的。此外，在夏天要做好母猪分娩舍防暑降温工作，冬天要做好防寒保温工作。与腹泻有关的几种传染病疫苗（如猪大肠杆菌病三价苗、猪传染性胃肠炎－猪流行性腹泻二联疫苗、猪伪狂犬病疫苗等）也要及时免疫。在生产实践中，要特别注意第一胎年轻母猪的饲养管理工作。在保证饲料营养平衡的同时，还要加强运动，保证母猪的健康和体况适度；也可以考虑与老母猪混养，或让其接触老母猪的粪便，从而保证仔猪可从年轻母猪的初乳中获得某种特定抗体，减少仔猪拉稀的发生概率。

2．仔猪饲养管理原因

导致仔猪腹泻的仔猪饲养管理方面的原因主要有以下两点。

①饲料问题：虽然仔猪是吃母乳为主，但随着日龄增加（7日龄以后）可额外予以补料，这样可以弥补母乳的不足，同时也可促进仔猪胃肠发育。教槽料以及仔猪断奶后过渡料的质量好坏至关重要，不仅要求添加乳清粉、血浆蛋白粉、脱脂奶粉以及膨化大豆等高蛋白物质，而且还要选择性地添加一些香味剂、诱食剂、酶制剂、酸制剂、微生态制剂、寡聚糖等调节营养平衡物质，来预防仔猪因营养不平衡而造成的腹泻。膨化大豆熟化程度不够、饲料及其原料霉变及营养配方不平衡是导致仔猪拉稀的常见原因。

②管理问题：仔猪没有及时吃到母乳，无法从母乳中获取免疫球蛋白和其他营养物质，造成仔猪的抵抗力不足，出现弱仔现象，容易产生腹泻现象。许多母猪场为了提高母猪的利用率，仔猪的断奶时间提早。断奶时仔猪的消化系统结构和功能尚未达到应有的发育水平，对于植物性蛋白质含量较高的日粮还不能马上适应，再加上断奶的各种应激作用（包括营养应激、心理应激和环境应激），常导致仔猪胃肠功能紊乱而产生腹泻现象。此外，在管理上还要防止饲料变化过于频繁、喂料量增加过快、转群过于频繁，否则也容易造成仔猪腹泻。这些急性腹泻死亡仔猪的肠炎病变明显（图1-83）。

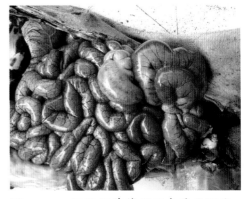

图1-83　仔猪饲养管理不良导致肠炎病变

3．环境原因

导致仔猪腹泻的环境方面的原因主要有以下两点。

①空气湿度问题：产房内空气湿度（如经常冲洗）过高会导致病菌繁殖过快，易诱发仔猪下痢；空气湿度太低，则粉尘太大，易诱发呼吸道疾病。一般要求母猪分娩舍的空气相对湿度保持在65%～70%。

②温度问题：仔猪刚出生时调节体温的功能不健全，如昼夜温差大、环

境温度变化大易造成仔猪腹泻，所以要尽量保持分娩舍内温度相对稳定，切忌骤变。在保温箱或保育舍中增加保温灯或电热板，保证乳猪或仔猪在相对稳定的温度下生长。一般来说，乳猪 1 周龄时舍内温度保持 28℃，保温箱内 32℃；乳猪 2 周龄时舍内温度保持 28℃，保温箱内 30℃；乳猪 3 周龄时舍内温度保持 27℃，保温箱内 29～30℃；乳猪 4 周龄时舍内温度保持 26℃，保温箱内 28℃。在断奶后保育期间要采取一些措施，使舍内温度保持 25℃左右。中大猪在冬春寒冷季节里也要保持猪舍温度的相对稳定，否则也易诱发腹泻。

二、呼吸道症状疾病

  猪呼吸道症状疾病是猪常见病、多发病，以咳嗽、喘气、打喷嚏、呼吸困难为共同症状。引起猪呼吸道症状性疾病的病因很多，基本上可分为传染性病因和非传染性病因。其中，传染性病因又可分为病毒性病因（如猪繁殖与呼吸综合征、猪圆环病毒病、猪伪狂犬病、猪流感、猪冠状病毒病等）、细菌和支原体性病因（如猪支原体肺炎、猪传染性胸膜肺炎、副猪嗜血杆菌病、猪巴氏杆菌病、猪传染性萎缩性鼻炎、猪肺炎双球菌病等）、寄生虫性病因（如猪肺丝虫病、猪弓形虫病等）等。非传染性病因包括饲养管理不良造成环境中有害气体的刺激、粉尘过量、饲养密度过高、通风不良、气温骤变、空气湿度过高及饲料霉变等。上述病因可以单独发病，但更常见的是多种致病原因共同作用产生的猪呼吸道病综合征。

（一）病毒性病因

  有许多病毒性疾病可产生呼吸道症状，如猪繁殖与呼吸综合征、猪圆环病毒病、猪流感、猪伪狂犬病、猪冠状病毒病等。

1. 猪繁殖与呼吸综合征

  猪繁殖与呼吸综合征又称猪蓝耳病。传统的猪繁殖与呼吸综合征主要导致母猪繁殖障碍，仔猪呼吸困难、死亡率高及中大猪出现轻微的全身症状。2016年后又出现了变异的猪繁殖与呼吸综合征毒株，可导致各种猪发生高烧不退、死亡率高等病症［详见"四/（一）/2.高致病性猪蓝耳病"］。这里介绍传统的猪繁殖与呼吸综合征。

流行特点和症状

  母猪病初出现精神委顿、发热、食欲减退或废绝，几天后陆续出现流产、产死胎、产木乃伊胎及产弱仔症状（图2-1、图2-2）。少数母猪在耳朵、臀部以及四肢末端皮肤出现红色或蓝紫色出血斑（图2-3）。公猪出现咳嗽、呼吸困难、食欲不振、性功能降低等症状。个别种猪还有呕吐、四肢麻痹、食欲不振的症状。本病传播速度快，发病率可达 50% ～ 100%，死亡率相对较低。仔猪弱仔比例偏高，病猪精神沉郁，采食减少，步态不稳，皮肤苍白，有时色彩偏暗；眼结膜发炎水肿，眼球突出，眼眶四周皮肤为淡蓝色（图 2-4）；病猪表现为呼吸困难和腹式呼吸，有时也有咳嗽、轻度发烧症状。发病率可达 50% 以上，死亡率可达 20% 以上。中大猪主要表现为喘气、咳嗽、呼吸困难（腹式呼吸）、眼球突出，类似猪流感症状。有时在耳朵与腹下皮肤的毛孔也可见蓝色出血点，有的还出现蓝色或紫红色出血斑（图 2-5、图 2-6），有时全身皮肤出现紫红色出血斑。

图 2-1　母猪流产（一）

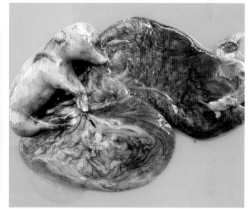

图 2-2　母猪流产（二）

图 2-3　耳朵等处出现红色或蓝紫色出血斑

图 2-4　仔猪眼眶四周皮肤呈淡蓝色

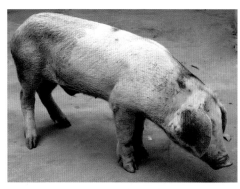 

图 2-5　耳朵出现蓝色或紫红色出血斑　　图 2-6　耳朵出现淡蓝色出血斑

病理变化

主要表现间质性肺炎，可见肺间质水肿增宽（图 2-7）。有时皮下毛孔有蓝色出血点。有时有角膜炎，导致眼球突出。淋巴结肿大，切面可见到坏死灶。有时也可见到肾脏出血点。流产胎儿有明显的出血斑（图 2-8）。

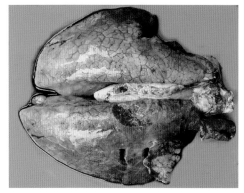 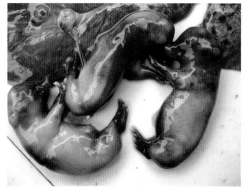

图 2-7　肺脏出现间质性肺炎和水肿　　图 2-8　流产胎儿皮肤出血斑明显

诊断

取病死猪的肺脏、淋巴结等脏器进行聚合酶链式反应试验可确诊。对未进行猪繁殖与呼吸综合征疫苗免疫的猪场，可分别于发病时与发病康复期各抽取一些血样进行猪繁殖与呼吸综合征病毒的抗体检测。若康复后血清中的猪繁殖与呼吸综合征病毒抗体滴度及抗体阳性率明显高于发病初期，且离散度大，那么也可间接地诊断本病。

预防

首先，是使用猪繁殖与呼吸综合征疫苗。目前我国使用的猪繁殖与呼吸综合征疫苗有传统美洲株猪繁殖与呼吸综合征活疫苗、灭活疫苗，以及高致病性猪蓝耳病活疫苗、灭活疫苗。尽管目前在学术界对使用这类疫苗有无必要，以及使用方法还存在争议，但多数学者认为使用猪繁殖与呼吸综合征活疫苗对预防本病有效果。对病情复杂的猪场要慎用猪繁殖与呼吸综合征活疫苗。其次，加强饲养管理，加强猪场的消毒隔离和生物安全工作。平时要做好猪瘟疫苗、猪伪狂犬病疫苗、猪支原体肺炎疫苗免疫，以预防和减少并发症的发生。

处理

猪场发生本病后，要立即做好隔离消毒工作，禁止所有猪只进出。对严重的病猪和死猪要进行淘汰和无害化处理，对症状较轻的病猪可采取隔离和对症治疗。在临床上可采用中药银翘散、清瘟败毒散、黄芪多糖等配合替米考星、阿莫西林等进行治疗。个别发热且不吃的病猪要肌内注射退热、消炎的注射液进行对症治疗。值得一提的是，发生猪繁殖与呼吸综合征时，不能盲目地进行猪繁殖与呼吸综合征活疫苗或猪瘟活疫苗的紧急免疫，否则会大大提高发病率和死亡率。

2. 猪圆环病毒病

本病病原主要有两个血清型，即猪圆环病毒 1 型和猪圆环病毒 2 型，前者为非致病性，后者有致病性。此外，近年来还检出圆环病毒 3 型。猪圆环病毒病在临床上常见有断奶仔猪多系统衰竭综合征和皮炎 - 肾病综合征两个病症。此外，据报道，猪呼吸道病综合征、仔猪先天性震颤、母猪繁殖障碍等均与猪圆环病毒 2 型有一定关系。这里着重介绍断奶仔猪多系统衰竭综合征，而猪皮炎 - 肾病综合征则在"五/（七）"中详述。

流行特点和症状

断奶仔猪多系统衰竭综合征主要发生于哺乳期和保育期的仔猪，特别是 5 ~ 12 周龄的仔猪。病猪主要表现为精神沉郁、被毛粗乱、皮肤苍白或淡蓝色（图 2-9），采食量减少，生长迟缓，进行性消瘦（图 2-10）。多数猪有咳嗽、喘气等呼吸道症状，少数也表现腹泻症状。发病率 30% ~ 80%，死亡率 20% ~ 40%。在临床上由于猪圆环病毒 2 型可降低猪免疫力，故本病常与猪支原体肺炎、猪繁殖与呼吸综合征、猪传染性胸膜肺炎、副猪嗜血杆菌病、猪附红

图 2-9　仔猪皮肤苍白或呈淡蓝色

图 2-10　仔猪消瘦衰竭

细胞体病、猪瘟等并发或多病原混合感染，所表现的症状更为复杂和多样化（图 2-11）。猪圆环病毒 3 型可导致母猪出现流产、产死胎等繁殖障碍。

病理变化

病死猪的腹股沟淋巴结、肠系膜淋巴结、颌下淋巴结等肿大 3 ~ 5 倍（图 2-12、图 2-13），切面多汁，颜色为白色。耳朵、腹下皮肤的毛孔内出现

图 2-11　四肢肿大

蓝色出血点（图 2-14）。肾脏苍白，表面有不同程度的白色坏死斑（图 2-15）。肺脏肿大，表面可见红色肉样实变和白色正常肺脏相间而呈斑驳状（图 2-16），

图 2-12　腹股沟淋巴结肿大

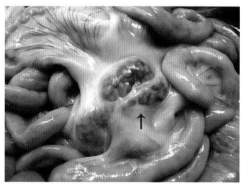

图 2-13　肠系膜淋巴结肿大

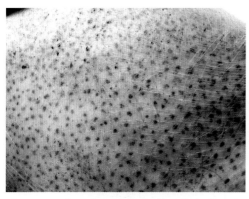

图 2-14　腹下皮肤毛孔内出现蓝色出血点

图 2-15　肾脏苍白，表面有白色坏死灶

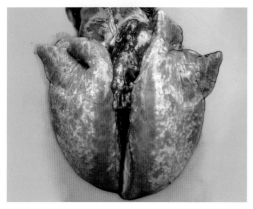

图 2-16　肺脏实变，表面呈红白相间的斑驳状

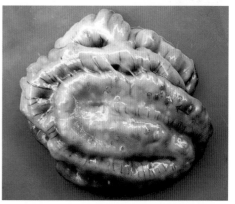

图 2-17　结肠壁上的淋巴滤泡增生

严重时整个肺脏都实变，用手压可感觉肺脏质地变硬。若有并发或继发其他细菌性疾病，那么内脏可出现多样性病变，如形成"绒毛心"、肺脏与肋骨粘连。此外，在结肠壁外可见淋巴滤泡增生（图 2-17），严重时可导致肠壁局灶性坏死。

诊断

猪圆环病毒病的确诊主要依据聚合酶链式反应试验结果。此外，对没有进行疫苗免疫的猪场也可采用血清抗体检测，若猪圆环病毒抗体阳性，说明该猪场正感染或曾感染过猪圆环病毒。对于并发症的诊断按有关方法进行。

防治

首先，要加强饲养管理，降低饲养密度，实行严格的"全进全出"生产制度，尽量减少各种不良应激。其次，选择使用猪圆环病毒病疫苗（全病毒灭活疫苗、亚单位疫苗等），对 15 ~ 25 日龄仔猪免疫接种 1 ~ 2 次，有较好效果。第三，对有并发或继发感染的病例，可使用广谱抗生素（如氟苯尼考、阿莫西林等）配合黄芪多糖进行治疗。不同的并发症，临床用药有所不同，如并发猪支原体肺炎，可配合选用延胡索酸泰妙菌素、替米考星、磷酸泰乐菌素等；并发猪传染性胸膜肺炎，可配合使用氟苯尼考；并发副猪嗜血杆菌病，可配合选用阿莫西林、氨苄西林钠、盐酸林可霉素硫酸大观霉素预混剂等；并发猪附红细胞体病，可配合使用盐酸多西环素等。第四，发生猪圆环病毒病的猪场在使用各种疫苗免疫时要特别慎重，因为很多疫苗的注射应激或疫苗应激均可激活猪圆环病毒，结果可能会加重猪圆环病毒病的病情。如使用猪瘟活疫苗时，应选择在猪无明显病症时免疫注射，同时尽可能使用猪瘟脾淋苗。使用不当会导致疫苗免疫后猪出现发热、不吃料、耳朵发紫等一系列不良反应。在接种疫苗前后，可适当地在饮水、饲料中添加一些多种维生素和氨基酸，也可考虑在疫苗免疫时配合使用猪用转移因子，以减少打疫苗所致的不良反应。

3. 猪流感

流行特点和症状

本病是由 A 型猪流感病毒引起的猪急性、热性、传染性呼吸道疾病。有多种血清型，其中常见的有 H_3N_2 型、H_1N_1 型两种。本病多发生于寒冷的深秋、冬季、早春季节。各种日龄猪均可发病。病猪主要表现为突然发病，传播快，几天时间可传遍整栋猪舍或整个猪场。病猪体温上升到 40 ~ 42℃，精神沉郁，喜卧和扎堆，关节疼痛，倒地不起（图 2-18），食欲减退或废绝。呼吸困难（以腹式呼吸为主），打喷嚏，粗声咳嗽，鼻流黏性鼻液（先清后浓，图 2-19），严重时可见张口呼吸。眼结膜潮红（图 2-20）。粪干，尿黄。病程 7 ~ 10 天，发病率高达 100%。若没有混合感染，死亡率较低。怀孕母猪发生本病时，可能会引起流产、死胎。产房母猪发生本病时，易继发肺炎，可能造成母猪死亡。

图 2-18 病猪发热，倒地不起

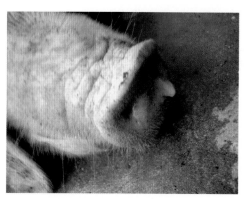

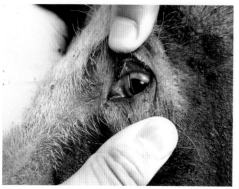

图 2-19　鼻流黏液性分泌物　　　　图 2-20　眼结膜潮红

病理变化

　　主要病变都在呼吸系统。剖检可见鼻腔、喉头、气管、支气管黏膜充血、出血，呼吸道内充满大量粉红色泡沫。扁桃体炎症坏死（图 2-21）。肺脏肿大，淤血，呈紫红色（图 2-22），切面有大量粉红色泡沫样液体流出。眼睛潮红，有结膜炎。其他脏器无明显病变。

诊断

　　根据流行病学、症状、病变可做出初步诊断。要确诊需取病死猪的肺脏组织，

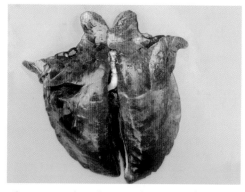

图 2-21　扁桃体局灶性坏死　　　　图 2-22　肺脏充血、肿大，呈紫红色

经处理后接种鸡胚进行猪流感病毒的分离鉴定，也可采取肺脏进行聚合酶链式反应试验予以确诊。此外，可在发病前后各采取 1 份血清进行 H_3N_2 和 H_1N_1 抗体检测，若发病康复后抗体滴度明显升高，也可间接诊断本病。

防治

首先，要做好饲养管理工作，遇到天气转冷时及时做好猪舍的保温工作，务必做到猪舍内环境温度相对稳定。本病的血清型较多，目前在我国尚未有比较有效的疫苗可供免疫。当猪场发生本病时，猪舍除了要做好保温工作外，还要尽量少冲水，保持干燥。要供应充足洁净的饮水，并在饮水中添加电解多种维生素或维生素C粉，必要时可配合进行抗病毒中药拌料或饮水治疗。对个别发病严重的病猪可肌内注射氨基比林注射液和青霉素或其他抗菌退热注射液进行治疗。经5～7天的治疗，多数病猪可康复。

4. 猪伪狂犬病

本病可导致中大猪出现严重的呼吸道症状，详见"一/（一）/2.猪伪狂犬病"。

（二）细菌和支原体性病因

1. 猪支原体肺炎

流行特点和症状

本病是由支原体引起的一种猪地方性肺炎，又称猪喘气病。各品种猪均可发生，其中以含太湖猪血统的二元杂交猪、三元杂交猪较为常见。各种年龄猪均可发生，但以小猪症状较明显。本病一年四季均可发生，但以气候突然转变时症状尤为明显。临床上常见以咳嗽、气喘为主要症状，特别是在早晚及气候转冷或其他因素刺激时咳嗽更为严重，常常连续咳嗽好几声。多数病猪生长缓慢，但体温、食欲和精神状况无明显异常。若并发或继发其他呼吸道疾病，发病症状变得复杂化，死亡率也不同程度地上升。

病理变化

肺脏两侧的心叶、尖叶、膈叶发生对称性的肉样实变（图2-23），与周围正常肺脏组织有明显的界线。严

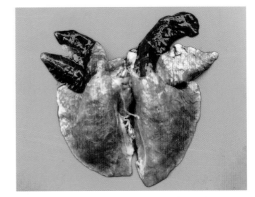

图2-23　肺脏尖叶、心叶出现对称性肉样实变

重时，肺脏多数部位或整个肺脏形成肉样突变（图 2-24），肺门淋巴结肿大，若并发或继发其他呼吸道疾病，肺脏病变呈多样化。

诊断

从临床症状和病变基本可得到初步诊断。必要时可取病料进行支原体分离培养及聚合酶链式反应试验进行确诊。值得注意的是，在临床上本病很容易并发或继发其他呼吸道传染病，如猪传染性胸膜肺炎、猪肺疫等，必须注意鉴别诊断。

图 2-24　肺脏形成肉样突变

预防

第一，加强饲养管理。由于本病多通过垂直传播，所以种猪场要做好本病的净化工作，不断地隔离淘汰有病或隐性带菌的母猪。坚持猪群"全进全出"饲养模式，平时要保持猪舍温度的相对稳定。饲料和猪舍不能太干燥，否则粉尘太多易诱发本病或造成本病的水平传播。要加强猪舍消毒工作，减少本病的水平传播。第二，疫苗接种。疫苗接种是预防本病最有效、最经济的手段。目前有肌内注射猪支原体肺炎灭活疫苗和胸腔内注射猪支原体肺炎活疫苗等，各种疫苗的使用方法参照使用说明书。一般来说，仔猪应在 7 日龄和 21 日龄各免疫 1 次，这样效果较好。若小猪日龄比较大或已感染了猪支原体时再做疫苗免疫，那么免疫效果很差。第三，药物预防。母猪可安排在产前、产后喂一些盐酸林可霉素硫酸大观霉素预混剂进行预防保健；仔猪出生后于 3 日龄、7 日龄、21 日龄时各肌内注射土霉素 1 次，进行预防保健；仔猪断奶后保育期间可喂 2 个疗程的磷酸泰乐菌素、延胡索酸泰妙菌素、替米考星、红霉素、盐酸林可霉素硫酸大观霉素预混剂、吉他霉素等药物之一种，可以早期预防控制猪支原体肺炎。本病的早期预防做好了，可使猪呼吸道系统（特别是上呼吸道纤毛和胸膜等）完整无损，那么发生其他呼吸道疾病的概率就大大地降低了。

治疗

治疗猪支原体肺炎的药物很多，方案也很多。常见的拌料治疗方案（每

1000 千克饲料添加量）有：延胡索酸泰妙菌素 125 克和盐酸金霉素 300 克；磷酸泰乐菌素 150 ~ 300 克和盐酸多西环素 150 ~ 300 克；替米考星 100 克和盐酸多西环素 150 ~ 300 克。并发症严重时可配合氟苯尼考、阿莫西林等广谱抗生素。肌内注射可选用氟苯尼考注射液、替米考星注射液、盐酸林可霉素注射液等。若喘气、咳嗽严重可配合平喘药物（如氨茶碱、地塞米松等）。

2. 猪传染性胸膜肺炎

流行特点和症状

本病是由猪传染性胸膜肺炎放线杆菌引起的一种猪呼吸道传染病。各种年龄猪均可易感，但以 6 ~ 20 周龄的猪较多发。病猪和带菌猪均是本病的传染源。各种应激因素及免疫抑制性疾病均可诱发本病。急性病例发病突然，病猪体温升高到 41.5℃以上，食欲不振，精神沉郁，继而表现为呼吸高度困难，常呈犬坐姿势或张口伸舌，严重时可见从口鼻流出粉红色带泡沫的液体。口、鼻、耳朵、四肢末端的皮肤发绀呈紫红色（图 2-25）。死亡快，病死率可达 50% 以上。慢性病例则病程较长，表现为体温不高，呈间歇性咳嗽，喘气明显，生长迟缓，饲料报酬下降。

图 2-25　耳朵等处皮肤发绀呈紫红色

病理变化

气管和支气管内含有大量泡沫状粉红色液体，胸腔积液明显，肺脏表面有纤维性物质渗出（图 2-26），肺脏与肋骨及肺脏与心包均出现粘连现象（图 2-27）。心脏表面有纤维素性渗出，形成"绒毛心"（图 2-28），心包积液。肺脏肿大，充血、出血，出现不同程度的实变。其他脏器无明显病变。

诊断

根据临床症状和病变可做出初步诊断。必要时可取肺脏病变组织进行染

图 2-26　肺脏表面有纤维性物质渗出

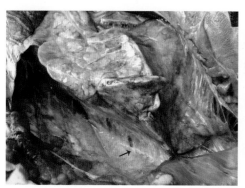

图 2-27　肺脏与肋骨粘连

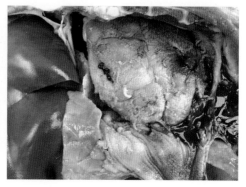

图 2-28　心脏表面出现纤维性物质，
形成"绒毛心"

色镜检，以及用血液营养琼脂在葡萄球菌的 V 因子作用下进行厌氧培养和细菌鉴定。此外，也可用间接血凝试验测定猪血液中的猪传染性胸膜肺炎病原抗体进行间接诊断。

预防

首先，采取综合性的预防措施，搞好猪舍卫生，加强饲养管理，尽量减少各种不良应激，做好其他有关呼吸道疾病的预防工作。第二，本病比较严重的猪场，可选用含有当地流行菌株的猪传染性胸膜肺炎灭活疫苗进行免疫接种，有一定效果。若是猪圆环病毒病并发猪传染性胸膜肺炎病例，可制作自家组织灭活疫苗进行预防。第三，药物预防。对本病较为严重的猪场可定期选用广谱抗生素（如氟苯尼考、盐酸林可霉素硫酸大观霉素预混剂、阿莫西林等）进行预防，有一定效果。

治疗

本病的治疗药物也很多，其中首选药物氟苯尼考（可内服或肌内注射），其次是盐酸林可霉素、头孢噻呋钠、阿莫西林等，均有不同程度的治疗效果。有条件的地方可通过药敏试验，选用敏感药物进行治疗，可获得最佳的治疗结果。鉴于猪传染性胸膜肺炎在临床上常继发或并发于其他呼吸道传染病（如猪支原体肺炎、猪圆环病毒病等），所以在缺乏有效诊断条件的猪场可采用如下治疗方案：每 1000 千克饲料添加氟苯尼考 100 ~ 150 克、盐酸多西环素 200 ~ 300 克、替米考星 100 克、黄芪多糖 100 ~ 150 克，连续用药 3 ~ 5 天；个别病猪可选用氟苯尼考、盐酸林可霉素、头孢噻呋钠等注射液进行肌内注射，每日 1 次，连用 3 ~ 4 天，有较好效果。

3. 副猪嗜血杆菌病

流行特点和症状

本病是由副猪嗜血杆菌引起猪多发性浆膜炎和关节炎，又称革拉泽病。各种年龄猪均可感染，其中以断奶前后的仔猪和保育阶段的小猪多发，中大猪及母猪常为隐性感染。以往本病多见于长途运输或不良应激后（又称运输病），其他情况发病较少。近年来，本病呈快速上升趋势，据调查感染率可达80%～100%，这与近年来猪圆环病毒和猪繁殖与呼吸综合征病毒的感染率升高有直接关系。病猪主要表现为发热，食欲不振，消瘦，被毛粗乱，咳嗽，呼吸困难，可视黏膜和皮肤发绀呈淡紫色，四肢关节肿大（图2-29、图2-30），跛行，部分病猪还表现脑神经症状。发病率可达50%～100%，死亡率20%～50%。耐过猪表现为皮肤苍白，生长缓慢，顽固性厌食，零星死亡。

图2-29　四肢关节肿大

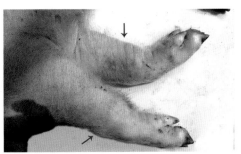

图2-30　两前肢肿胀明显

病理变化

剖检可见多发性的浆膜炎和关节炎。在胸腔可见胸膜炎，肺脏与肋骨粘连，肺脏肿大和实变，心包表面有纤维素性渗出物（图2-31）。在腹腔可见明显的白色凝乳状纤维素性渗出物或腹膜炎，有时也可见丝状纤维素性渗出物（图2-32）。四肢肿大明显，切开皮肤有浆液性液体渗出（图2-33）。此外，本病还可导致猪的脑膜炎、肌

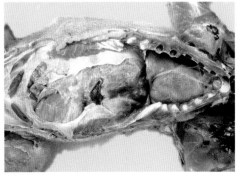

图2-31　胸腔出现胸膜炎、心包炎等病变

图 2-32　腹腔出现白色纤维性渗出物及腹膜炎病变

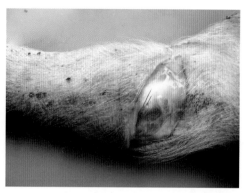

图 2-33　切开四肢皮肤有浆液性液体渗出

炎及肺脏水肿等病变。

诊断

根据本病临床症状、病变可做出初步诊断。但要注意与猪传染性胸膜肺炎、关节炎型猪链球菌病的鉴别诊断。本病的确诊有赖于对病变组织进行细菌镜检、细菌的分离培养和鉴定（图 2-34）。近年来，还可以应用聚合酶链式反应试验对本病做出准确的诊断。此外，通过血清学检查猪群和病猪的血液有无本病病原的抗体也可

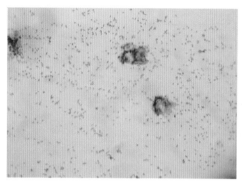

图 2-34　副猪嗜血杆菌

做出确诊（若抗体阳性，表明该猪感染过或正感染副猪嗜血杆菌）。

预防

首先，要做好母猪的猪圆环病毒病、猪繁殖与呼吸综合征，以及副猪嗜血杆菌病的净化工作，加强饲养管理，减少不良应激。其次，对于本病比较严重的猪场，可选用含相应血清型的副猪嗜血杆菌病多价灭活疫苗对母猪和仔猪进行免疫，具体使用方法参照说明书。第三，可选用敏感药物（如氨苄西林钠、头孢噻呋钠、盐酸林可霉素硫酸大观霉素预混剂等药物）进行预防。

治疗

副猪嗜血杆菌对许多抗生素都敏感。据药敏试验结果：副猪嗜血杆菌对氨苄

西林钠、阿莫西林、头孢噻呋钠以及盐酸林可霉素、硫酸大观霉素比较敏感，土霉素、磺胺类药物、氟苯尼考等也有一定的效果。对于母猪、小猪来说，可肌内注射盐酸林可霉素或氨苄西林钠或阿莫西林，配合黄芪多糖拌料或饮水治疗。使用5～7天（1个疗程）后，间隔2周再重复1个疗程有较好效果。对于已形成器质性病变的严重病例，治疗效果不好。

4．猪巴氏杆菌病

流行特点和症状

本病是由巴氏杆菌引起的一种猪急性热性败血性传染病，又称猪肺疫。各种日龄、品种猪均易感，其中以小猪和中猪发病率较高。本病属于条件性疾病，与猪的饲养环境、猪的自身抵抗力有密切关系。最急性的病例往往看不到症状就突然死亡在猪栏内（图2-35），鼻孔可见流出粉红色带泡沫液体（图2-36）。全身表现败血症症状，

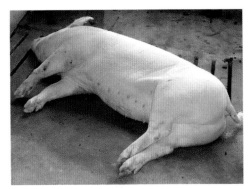

图2-35　病猪突然死亡

耳朵、颈部、腹部等处皮肤出现出血性红斑。急性病例以败血症和急性肺炎为主，表现为下颌皮肤水肿、出血（图2-37），呼吸困难，有时呈犬坐式张口呼吸，咳嗽明显，流鼻涕，有时出现黏液性或脓性结膜炎。若治疗不及时在2～3天内

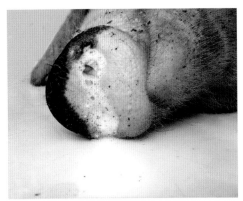

图2-36　鼻孔流出带泡沫分泌物

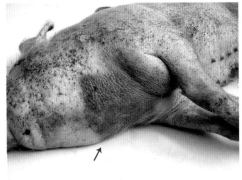

图2-37　下颌皮肤水肿、出血

死亡。慢性病例表现为持续的咳嗽，呼吸困难，病猪渐进性消瘦，最后衰竭死亡。

病理变化

最急性的病例可见鼻孔和支气管内积有粉红色泡沫（图2-38），咽喉部出现胶冻样水肿，心包膜和心冠状脂肪有小出血点（图2-39），肺脏水肿明显，全身皮肤有出血斑。急性病例病猪可见胸腔和心包积液，肺脏有各期肺炎病变（有出血斑、水肿、气肿、肉样实变及纤维素性渗出物，图2-40），有时可见肺脏与胸膜粘连，支气管淋巴结肿大。慢性病例病猪可见肺脏有不同程度的肉样实变，有时可见肺脏局部坏死或有化脓灶，肺脏与肋骨、胸膜粘连。有时肝脏表面有白色点状坏死灶（图2-41）。

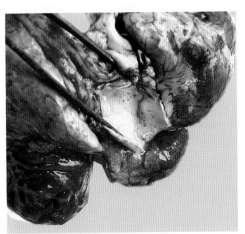

图2-38　气管内充满粉红色泡沫

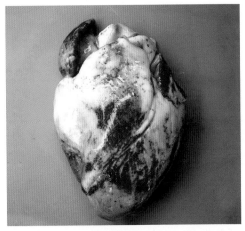

图2-39　心冠状脂肪和心肌出现出血点

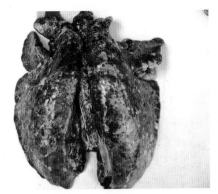

图2-40　肺脏出现肺炎病变

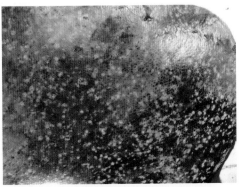

图2-41　肝脏出现点状坏死灶

诊断

根据本病临床症状、病变可做出初步诊断。本病的确诊有赖于在肺脏病变组织镜检时观察到或细菌培养分离到两极浓染的巴氏杆菌（图2-42）。值得一提的是，本病在临床上可以单独发病，也常与其他呼吸道疾病（如猪支原体肺炎、猪传染性胸膜肺炎等）并发，必须注意鉴别诊断。

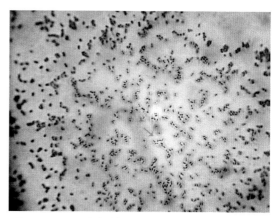

图 2-42　巴氏杆菌

预防

第一，要加强饲养管理，做好猪舍定期消毒工作，尽量减少各种不良应激（气候温差大是最主要诱因）。第二，在本病常发的猪场可用疫苗进行免疫。目前可供使用的疫苗有：猪多杀性巴氏杆菌病活疫苗、猪瘟－猪丹毒－猪多杀性巴氏杆菌病三联活疫苗等。其中，单苗的免疫效果要比联苗好，注射要比内服效果好。在使用疫苗前1～2天及使用后7～10天要禁止使用各种抗生素或磺胺类药物。第三，药物预防。在遇到天气转变时或平时饲养过程中定期在饲料中添加一些广谱抗生素（如土霉素、氟苯尼考、盐酸林可霉素等）进行预防，也可用大蒜素进行保健预防。

治疗

当猪群中出现猪巴氏杆菌病的病例时，需全群投药治疗。治疗性的药物可选用盐酸林可霉素硫酸大观霉素预混剂、氟苯尼考、土霉素及阿莫西林、磺胺类药物等。连续用药3～5天（1个疗程），停药1～2周后重复用药1个疗程。对个别病猪要及时进行隔离治疗，可肌内注射头孢噻呋钠、阿莫西林、氟苯尼考、恩诺沙星、盐酸环丙沙星、盐酸林可霉素、磺胺嘧啶钠等药物之一种。有条件的地方可进行细菌培养和药敏试验，筛选出敏感的药物进行治疗。等病情稳定后，可安排猪场进行猪多杀性巴氏杆菌病的疫苗免疫（注意在发病期间不能进行本病的疫苗免疫，否则会加重病情）。

5. 猪传染性萎缩性鼻炎

流行特点和症状

本病是由支气管败血波氏杆菌和产生毒素的多杀性巴氏杆菌共同引起的一种猪慢性呼吸道传染病。在小猪阶段，本病主要表现为打喷嚏、鼻塞及不同程度的卡他性鼻炎表现（流黏液性或脓性鼻分泌物，图2-43）。随着病情的发展，鼻甲骨逐渐变形，压迫鼻泪管，并出现流泪、眼炎症状，在眼角出现黑色的

图 2-43　卡他性鼻炎

"泪斑"（图2-44）。随着病情的进一步发展，鼻甲骨萎缩，致使鼻腔和面部变形，即出现"歪鼻子"现象。此时，病猪常常在打喷嚏后出现流鼻血现象（图2-45），严重的可因流血不止而死亡。猪传染性萎缩性鼻炎除了出现上述症状外，还严重影响猪只生长速度，也容易并发其他呼吸道疾病。

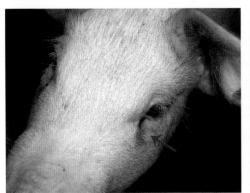

图 2-44　眼角出现"泪斑"

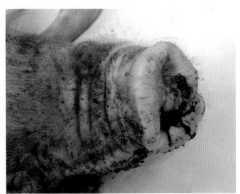

图 2-45　流鼻血

病理变化

主要病变是鼻甲骨萎缩变形（图2-46），严重时鼻甲骨消失。鼻腔内有大量脓性或干酪样渗出物。病猪均有不同程度的眼炎病变。

诊断

根据本病临床症状、病变可做出初步诊断。必要时可取鼻分泌物做细菌培养鉴定加以确诊。此外，也可抽取猪血进行猪传染性萎缩性鼻炎的血清学诊断（若没有打过该病的疫苗，而血液中的猪传染性萎缩性鼻炎病原抗体阳性，则表明该猪感染过或正感染本病病原）。

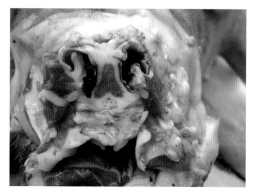

图 2-46 鼻甲骨萎缩变形

预防

第一，加强饲养管理。对于没有感染的猪场，在引种时要特别严格把关，禁止把病猪或隐性带菌猪引入。第二，对于有感染的猪场，要做到淘汰病猪和疫苗免疫相结合。对于有明显临床症状的病猪（如有"泪斑"和"歪鼻子"症状）要坚决隔离淘汰。对所有种猪定期免疫接种猪传染性萎缩性鼻炎灭活疫苗，母猪可安排在产前 30 天左右免疫，每年 2 次。免疫后母猪产生的抗体通过母乳可保护小猪 3～4 月龄内免受本病病原感染。第三，药物预防。其中母猪保健可在每 1000 千克饲料中添加盐酸林可霉素硫酸大观霉素预混剂 1 千克、盐酸金霉素 100 克，连用 10～15 天；也可在每 1000 千克饲料中添加磺胺间甲氧嘧啶 300 克、甲氧苄啶 50 克，连用 3 天；也可在每 1000 千克饲料中添加盐酸林可霉素 500～800 克，连用 3 天。仔猪保健可在仔猪出生后用硫酸卡那霉素或磺胺嘧啶钠进行滴鼻，每孔滴 0.5 毫升。育肥猪保健可在每 1000 千克饲料中添加磺胺二甲基嘧啶 500 克、甲氧苄啶 100 克，连用 3 天；也可用磷酸泰乐菌素 200 克、磺胺二甲基嘧啶 150 克，连用 1～2 周，进行预防保健。

治疗

出现明显症状的病猪基本上没有治疗价值。症状较轻时，可肌内注射磺胺间甲氧嘧啶钠或复方磺胺嘧啶钠，有一定效果；对有流鼻血症状的病猪，要及时肌内注射酚磺乙胺等止血针进行对症治疗。

（三）寄生虫性病因

1. 猪肺丝虫病

流行特点和症状

本病是由后圆线虫引起猪呼吸道症状的一种寄生虫病。成虫寄生于猪支气管中，所产的虫卵随气管分泌物进入咽部，随着猪吞咽再进入消化道，最后随粪便排出外界。在外界中，虫卵被蚯蚓吞食后，在蚯蚓体内发育成感染性幼虫。猪在外界采食或拱土时，吃进蚯蚓的同时也感染了该虫。这些幼虫经猪肠淋巴管或腔静脉而到达肺脏的肺泡和支气管，最终发育为成虫。在野外放牧或有接触土壤的猪均有可能发生本病，而舍饲养猪则很少发生。病猪主要表现为阵发性咳嗽、贫血、消瘦。用一般药物治疗无明显效果。本病常并发于猪传染性胸膜肺炎或猪流感，严重时可导致死亡。

病理变化

在肺膈叶后缘形成一些灰白色的隆起灶，切开病灶可在支气管中找到大量的白色线状虫体（图2-47）。同时肺脏存在不同程度的炎症病变，气管和支气管中常有粉红色泡沫，病猪全身有贫血病变。

诊断

在肺脏组织或支气管内找到后圆线虫虫体即可确诊，至于是哪一种后圆线虫，则需进一步深入鉴定（图2-48、图2-49）。

图 2-47　肺脏支气管内寄生后圆线虫

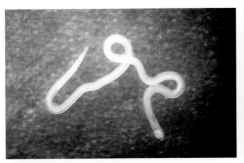

图 2-48　复阴后圆线虫雄虫

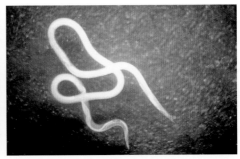

图 2-49　复阴后圆线虫雌虫

也可用硫酸镁饱和溶液或硫代硫酸钠饱和溶液对猪粪便进行漂浮法检查，检出虫卵即可确诊。后圆线虫的虫卵呈椭圆形，灰白色，外有一层稍有凹凸不平的卵壳，内含有幼虫（图2-50）。

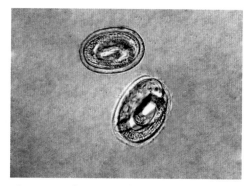

图2-50　复阴后圆线虫虫卵

防治

首先，改变饲养方式，把粗放的放牧饲养方式改变成舍饲圈养，避免猪只接触传播媒介（蚯蚓）。同时对猪粪集中进行堆积发酵处理，以达到消灭病原虫卵的目的。其次，对发病猪群可选用阿苯达唑（每千克体重10～20毫克）、盐酸左旋咪唑（每千克体重8毫克）进行治疗。此外，用阿维菌素、伊维菌素（按每千克体重0.3毫克，进行皮下注射或拌料内服）也有一定效果。

2. 猪蛔虫病

蛔虫的幼虫在猪体内移行时经过肺脏，导致猪出现喘气、咳嗽症状，引起肺炎病变。详见"五 /（二）/3. 猪蛔虫病"。

（四）管理性病因

1. 猪舍温度

控制好猪舍内的温度，使每天早晚温差不要太大（小猪舍温差不超过5℃，大猪舍温差不超过10℃）是预防呼吸道疾病的最重要措施。在夏天要防暑降温（舍内温度不超过35℃），冬天要防寒保温（舍内温度一般不低于15℃）。一般来说，乳猪1周龄时舍内温度保持28℃，保温箱内温度要达到32℃；乳猪2周龄时舍内温度为28℃，保温箱内温度要达到30℃；乳猪3周龄时舍内温度保持27℃，保温箱内温度要达到29～30℃；乳猪4周龄时舍内温度保持26℃，保温箱内温度要达到28℃。断奶后舍内温度保持在25℃左右。中大猪在冬春季节舍内也要保持一定温度（舍内温度应在15℃以上）。舍温低和温差大易导致猪发生感冒或诱发各种呼吸道疾病。

2．猪舍空气湿度与粉尘

猪舍内空气相对湿度要保持在45% ~ 75%。若空气湿度太高，特别是冬季寒冷季节，易诱发呼吸道疾病；若空气湿度太低，则粉尘较多，这些粉尘一方面刺激呼吸道黏膜，使猪出现上呼吸道症状，另一方面这些粉尘携带许多病原（如流感病毒、支原体、呼吸道细菌等），使猪只易发生呼吸道并发症。

3．猪舍有害气体

猪每天排出的粪便和尿液中含有大量的有害气体（如氨气、硫化氢等）。若猪舍内的粪便没有及时清理掉，没及时做好环境卫生，又没有配备良好的通风换气系统，那么产生的有害气体很容易诱发猪的呼吸道疾病（如猪支原体肺炎、猪传染性胸膜肺炎、猪流感等）。

4．饲养密度

猪舍的饲养密度与猪呼吸道疾病发病率密切相关。一般来说，保育舍应让每头保育猪有0.3米^{2}以上的生活场地，生长猪每头应有0.7米^{2}以上的生活场地，育成猪最好每头有1.0米^{2}以上生活场地。每栏中大猪数量最好控制在10 ~ 20头。饲养密度稀了，那么产生的臭气也少了，猪只之间呼吸道疾病传播的速度也减慢了。

5．猪烟曲霉毒素中毒

猪饲料霉菌毒素中毒种类较多，可分为猪黄曲霉毒素中毒（导致病猪出现肝脏硬化、肝癌和黄疸）、猪赭曲霉毒素中毒（导致肾脏肿大及皮肤出现小痘点）、猪单端孢霉烯族毒素中毒（导致口腔周围皮肤溃烂等）、猪玉米赤霉烯酮中毒（导致种猪出现雌性激素综合征）、猪烟曲霉毒素中毒等。上述几种霉菌毒素可单独致病，也可以两种或两种以上共同致病。猪烟曲霉毒素中毒对呼吸道影响最大，这里着重予以介绍。

流行特点和症状

烟曲霉毒素是由烟曲霉产生的，在自然界中分布很广，如谷物饲料（玉米、稻谷、高粱、麦类）及副产品、秸秆、牧草等都有存在，属于嗜肺和神经毒素，可导致呼吸道和神经系统的症状。主要症状是发热、喘气、咳嗽及个别脑神经症状。

病理变化

主要病变是肺脏水肿并有不同程度的肺炎病变，有时在肺脏表面可见到黄白色或灰白色的霉菌斑（图2-51、图2-52）。此外，有时还可见脑部软化、消化道炎症等病变。

图2-51　肺脏表面出现黄白色霉菌斑

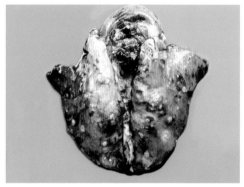

图2-52　肺脏出现霉菌灶及肺炎病变

诊断

取病猪肺脏组织滴加10%氢氧化钠溶液后可镜检出霉菌菌丝(图2-53)。霉菌毒素需由专门的机构来检测。在生产实践中许多霉菌能同时分泌几种霉菌毒素（在饲料中可同时检测到两种或两种以上霉菌毒素），病猪表现以某一种毒素中毒症状为主，也许同时表现几种毒素中毒症状，因此需进行鉴别诊断。

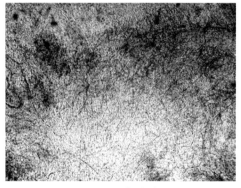

图2-53　处理后的霉菌菌丝

防治

饲料防霉，要从饲料原料的生产、运输、保存，饲料加工过程中水分含量的控制，一些防霉剂（如苯甲酸钠、双乙酸钠、丙酸钙、山梨酸等）的添加，以及成品饲料的储存等几方面进行把关。当饲料原料（如玉米）出现轻度霉变时，可添加适量的霉菌吸附剂后连同饲料一起喂猪。若霉变比较严重，要禁止饲喂。目前市面上霉菌吸附剂的种类很多，其中一些是传统的霉菌吸附剂（主要成分为蒙脱石、沸石或其他硅铝酸盐等），只能单纯地吸附一些霉菌毒素（如黄曲霉毒素）；一些霉菌吸附剂（如甘露寡糖）能吸附黄曲霉毒素和玉米赤霉烯酮等毒素，但对已经受霉菌毒素侵害的猪体无治疗作用；还有一些新型霉菌吸附剂（生物降解型）既能吸附饲料中的霉菌毒素，又能降解饲料中或猪体内残留的烟曲霉毒素等，使之转型或降解为无害的氨基酸、多糖体等成分，这类霉菌吸附剂在生产实践中得到了广泛应用。

（五）多种病因

猪呼吸道病综合征

猪呼吸道病综合征是由两种或两种以上引起猪呼吸道疾病的细菌、病毒及猪场环境不良应激因素共同作用引起的呼吸道疾病的总称。常见的原发病原有猪支原体、猪流感病毒、猪伪狂犬病毒、猪繁殖与呼吸综合征病毒、猪圆环病毒、猪呼吸道冠状病毒、猪支气管败血波氏杆菌等；常见的继发病原有猪传染性胸膜肺炎放线杆菌、副猪嗜血杆菌、猪巴氏杆菌、猪链球菌、猪肺炎双球菌、猪霍乱沙门菌、猪化脓棒状杆菌、猪衣原体等；常见的环境不良应激因素有环境的温差大、空气湿度高、饲养密度高、注射应激、转群、日粮营养不平衡、饲料霉变等。

流行特点和症状

常见的猪呼吸道病综合征症状为病猪有不同程度的体温上升，食欲降低，生长发育受阻，呼吸困难，喘气或咳嗽明显，鼻孔常流黏液性或脓性分泌物，严重时呈犬坐式张口呼吸（图2-54）。有时还可见耳朵和腹下皮肤发绀，有时出现腹泻症状，有时还可见皮肤苍白症状。母猪有时还出现流产、死胎现象。

图2-54 犬坐式张口呼吸

病理变化

多数病死猪可见气管内有粉红色泡沫，肺脏出现弥漫性间质肺炎，肺脏肿大呈紫红色，质地变硬（图 2-55）。有的肺脏尖叶、心叶、膈叶出现肉样实变；有的肺脏表面有纤维素性物质渗出，并与胸膜和心包粘连。有的胸腔积液或心包积液（图 2-56）。有的肺脏出现局灶性化脓灶。少数病例还可见肝脏肿大，肾脏与膀胱有出血点，以及腹膜炎和关节炎病变。总之，病变多样化。

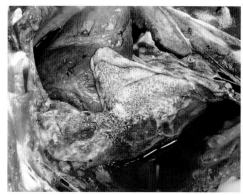

图 2-55　肺脏出现弥漫性间质肺炎和　图 2-56　肺脏粘连、胸腔积水
肺水肿

诊断

根据临床症状和病变可做出初步诊断，确诊必须进行相应的病原诊断。病毒性病原还有赖于病毒分离鉴定和聚合酶链式反应试验；细菌和支原体有赖于进行细菌培养鉴定等；饲养管理因素（如饲料霉变、温差大）也要进行逐一分析。通过对上述诊断结果进行综合分析，分清主次，找出本病主要病因和继发病原，以便采取相应的防治措施。

防治

本病的防治应采取综合预防治疗措施：第一，加强饲养管理。采用"全进全出"的饲养模式，喂湿拌料且分餐饲养，控制好饲养密度，改善通风条件，降低猪舍内有害气体浓度，做好猪舍保温工作，加强猪舍的卫生消毒工作等，杜绝使用霉变饲料。第二，做好与呼吸道疾病有关的几种疾病的疫苗免疫，如猪支原体肺炎、猪伪狂犬病、猪繁殖与呼吸综合征、猪传染性萎缩性鼻炎等疾病的疫苗免疫。第三，合理用药防治。鉴于呼吸道病综合征是多病因致病，所以治疗药物种类比较多，常见的有青霉素类（阿莫西林、氨苄西林钠等），四环素类（盐酸金霉素、盐酸多西环素等），治疗猪支原体肺炎药物（如磷酸泰乐菌素、替米考星、延胡索酸泰妙菌素），喹诺酮类（乳酸环丙沙星），氟苯尼考，盐酸林可霉素硫酸大观霉素预混剂，磺胺类药物等。可以根据不同病原进行合理搭配和联合用药，如：氟苯尼考配合盐酸多西环素；盐酸多西环素配合磷酸泰乐菌素；盐酸多西环素配合替米考星；盐酸金霉素配合延胡索酸泰妙菌素；盐酸林可霉素配合硫酸大观霉素；磷酸泰乐菌素配合磺胺二甲基嘧啶。在用药过程中要注意给药途径（如拌料、饮水、肌内注射）、用药剂量及轮换用药等几方面问题，也要注意几种药物的配伍禁忌和药物使用对畜产品的残留、休药期问题。有条件的猪场还可根据药敏试验结果进行科学用药。每个猪场可根据本场猪呼吸道疾病特点，制定合理的疫苗免疫程序和药物保健方案。

三、神经症状疾病

（一）病毒性病因

1. 猪伪狂犬病

本病可致断奶后仔猪出现脑神经症状，详见"一/（一）/ 2.猪伪狂犬病"。

2. 猪传染性脑脊髓炎

流行特点和症状

本病多发生于 4 ~ 5 周龄仔猪，而成年猪多为隐性感染。在新疫区，发病率和死亡率较高，在老疫区则呈散发性。病猪早期体温升到40 ~ 41℃，厌食，倦怠，随后出现寒战和运动性共济失调（图3-1）。仔猪对声音刺激或触摸刺激较敏感，并出现角弓反张，眼球震颤，抽搐或麻痹，最后昏迷而死亡。一般只限在一窝或一栏内小猪发病。症状较轻的病猪经精心护理可逐渐恢复正常，但有可能留下肌肉萎缩等后遗症。

图 3-1　运动性共济失调

病理变化

无明显的肉眼病变，有时可见脑部充血、出血病变（图3-2），组织学检查可见脑神经细胞变性及在脑部血管周围出现淋巴细胞套管现象。

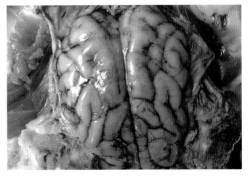

图 3-2　脑部出现充血、出血病变

诊断

本病的诊断要依靠脑组织病毒分离和鉴定。此外，也可采用中和试验或酶联免疫吸附试验测定临床急性期和恢复期猪血清中本病病原的抗体水平变化，从而做出间接诊断。

防治

目前尚无特效的方法防治本病。在生产实践中采用检疫、隔离、扑杀、消毒等一般性处理措施。

3．猪流行性乙型脑炎

小猪可导致脑神经症状，种猪可导致繁殖障碍，详见"六 /（一）/ 2. 猪流行性乙型脑炎"。

（二）细菌性病因

1．猪链球菌病

流行特点和症状

本病是由多种链球菌（A、C、D、E、L 及 R 群）引起的，在临床上有 4 种表现类型：败血症型、脑膜脑炎型、关节炎型及淋巴结脓肿型。

①败血症型：在流行初期的最急性病例，往往见不到临床症状就突然死亡。死后全身皮肤发绀，口鼻可见淡红色泡沫样液体，肛门口流出不凝固血液（图 3-3）。急性病例则表现为精神沉郁，食欲减少，体温可升高到 42 ～ 43℃，稽留热，眼结膜潮红，流浆液性鼻液，呼吸急促，有时出现咳嗽症状。最明显的症状是颈部、耳廓、腹下及四肢皮肤呈紫红色（图 3-4）。发病率达 30%，死亡率可达 50% ～ 80%。人畜共患猪 2 型链球菌病也属于败血症型。

②脑膜脑炎型：多发生于仔猪、断奶仔猪及保育小猪。病初体温升高

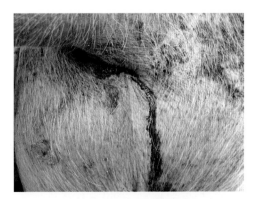

图 3-3　肛门口流出不易凝固血液

到40.5 ~ 42.5℃，少食，有浆液性或黏液性鼻液。最明显的症状是出现脑神经症状，表现为盲目走动，运动失调，转圈，空嚼，磨牙，后躯麻痹，有的仰卧或侧卧于地，四肢似游泳状划动（图3-5）。可在24 ~ 36小时内死亡，及时治疗后可痊愈或转为慢性关节炎型。

图3-4　全身皮肤呈紫红色

图3-5　出现倒地、四肢划动等脑神经症状

③关节炎型：主要发生于仔猪和小猪，中大猪也有零星发生。病猪的一肢或多肢关节肿大（图3-6），跛行，不能站立。病程可持续2周以上。同一猪栏内发病率高，死亡率相对较低。严重时可见关节化脓破溃。

④淋巴结脓肿型：主要是猪链球菌经口、鼻及损伤的皮肤感染而引起的。多发生于仔猪以及中大猪，偶尔见于种猪。本病发病率低，传播速度缓慢，但本病一旦发生，很难根治。主要表现为猪颌下、咽部、颈部等处的淋巴结肿大化脓，触诊坚硬（图3-7）。对猪的采食、咀嚼、吞咽、呼吸等动作均有影响。脓肿成

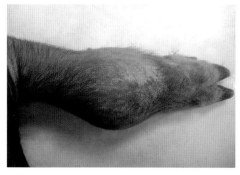

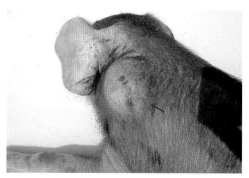

图3-6　关节肿大

图3-7　颈部淋巴结肿大化脓

熟后会破溃流出脓汁，3 ～ 5 周后可逐渐痊愈。

病理变化

①败血症型：病死猪全身皮肤（特别是耳朵、鼻、四肢末端）发红发紫，血液呈暗红色，凝固不良。肺脏充血出血，肺炎明显（图3-8），心内外膜出血（图3-9），心包积液，部分脾脏肿大、呈黑褐色（图3-10）。有时肺脏可见局灶性化脓灶，有时肾脏肿大、出血且呈黑褐色（图3-11），全身淋巴结肿大、出血。有时肝脏肿大，表面也有少量坏死点（图3-12）。腹腔表面有丝状纤维素性渗出物，肠外壁也有出血点（图3-13）。

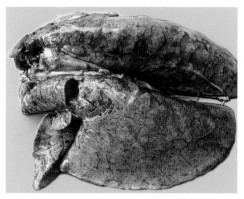

图 3-8　肺脏出现充血、出血及肺炎病变

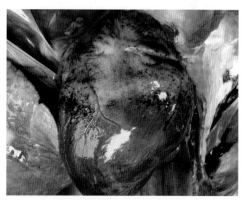

图 3-9　心外膜出血

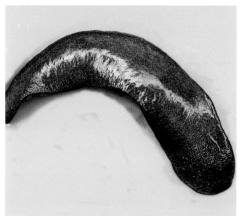

图 3-10　脾脏肿大，呈黑褐色

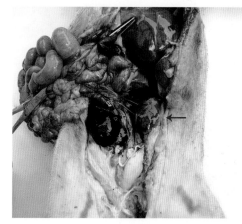

图 3-11　肾脏出血、呈黑褐色

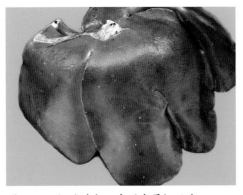

图3-12　肝脏肿大，出现少量坏死点

图3-13　肠外壁出现出血点

②脑膜脑炎型：主要病变为脑膜充血、出血，脊髓液增多、浑浊，脑实质有化脓性脑炎病变。有时心包、胸腔、腹腔有纤维素性炎症。

③关节炎型：主要病变在于一肢或多肢关节肿大，切开关节可见关节囊内有胶冻样液体或黄绿色化脓物（图3-14）。其他脏器无明显病变。

④淋巴结脓肿型：主要病变在于颌下、咽部、颈部的淋巴结肿大化脓，切开可见大量黄绿色化脓性物质流出（图3-15）。

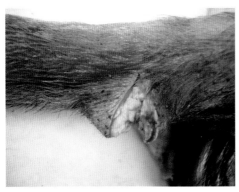

图3-14　关节肿大化脓

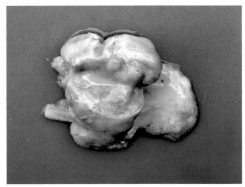

图3-15　淋巴结化脓

诊断

从临床症状、病变可做出初步诊断。要确诊有赖于从特征性病变组织（如败血症型链球菌病病猪的肝脏、脾脏，脑膜脑炎型链球菌病病猪的脑组织，关节炎型链球菌病病猪的关节腔，淋巴结脓肿型链球菌病病猪的淋巴结）中镜检和分离出猪链球菌进行确诊（图3-16）。没有注射过猪链球菌病疫苗的猪场，若在猪群的血液中检出猪链球菌抗体也可作为诊断参考。

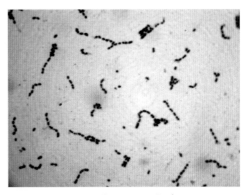

图 3-16　显微镜下的链球菌

防治

第一，加强饲养管理，搞好环境卫生和消毒工作。如皮肤意外损伤要及时进行消毒处理，防止细菌感染。当发现猪场暴发本病（尤其是败血症型链球菌病）时要立即隔离病猪，对死猪采取无害化处理，做好消毒工作。其他类型猪链球菌病发生时也要及时进行隔离治疗。第二，疫苗免疫。在疫区或受威胁地区要使用本病的活疫苗进行免疫注射。具体来说：母猪可安排在产前1个月左右免疫注射；小猪在35～45日龄安排1次免疫注射，也可以安排小猪于10日龄和60日龄各免疫注射1次。在注射疫苗期间（前2天和后7天）禁用任何抗菌药物。第三，药物治疗。治疗猪链球菌病的药物很多，其中氨苄西林钠、阿莫西林、青霉素、磺胺类药物等都具有较好的治疗效果。对于败血症型和脑膜脑炎型链球菌病，应在发病早期用大剂量的抗生素或磺胺类药物进行拌料和肌内注射；对于发病严重并出现高热症状的病例，还要结合解热镇痛药物（如氨基比林、安乃近等），每天2次，连用3～5天。对于关节炎型和淋巴结脓肿型链球菌病，用敏感抗生素（如氨苄西林钠）配合安乃近、地塞米松进行肌内注射有一定效果，但都不容易根治；对于淋巴结脓肿，要待脓肿成熟变软后及时切开，排除脓汁后再结合抗菌消炎处理才有效。此外，在本病流行的猪场，也可定期选用广谱抗生素（如盐酸金霉素、土霉素、阿莫西林、盐酸林可霉素硫酸大观霉素预混剂等）及磺胺类药物进行保健预防。

2．猪李氏杆菌病

流行特点和症状

本病属于人畜共患病，多为散发，冬季和早春多发。各种日龄猪均可发生，但多见于仔猪和小猪。病猪表现为突然发病，体温上升到41～42℃，兴奋不安，共济失调，肌肉震颤，无目的地跑动或转圈，有时表现后退，低头呆立，有的表现为头颈部后仰呈观星姿势（图3-17）。
严重时倒地抽搐，口吐白沫，四肢划动，
对刺激很敏感。病程可持续3～7天。

病理变化

脑部和脑膜充血、水肿，脑脊髓
液增多且变混浊，脑干变软且有小坏
死灶。其他内脏的病变不明显。

图3-17　出现头颈后仰等脑神经症状

诊断

取病死猪的肝脏、脾脏、脑组织进行涂片染色，镜检可见革兰阳性并呈"V"
形排列的小杆菌。在血液琼脂上可长出露滴状菌落，并有溶血现象。把分离到的
细菌做进一步的生化鉴定即可确诊。此外，发病猪血液中白细胞总数升高，单核
细胞比例高达8%～12%，对诊断本病也有一定参考意义。

防治

平时要做好饲养管理工作，不从有本病史的猪场引种猪，加强猪场的定期消
毒工作。发病时及时对病猪隔离治疗，其他猪群可用广谱抗生素（如土霉素、氟
苯尼考等）和磺胺类药物进行防治，均有比较好的效果。

3．猪破伤风

流行特点和症状

本病是由猪破伤风杆菌引起的一种人畜共患病。本病多因创伤感染（如阉割）
而引起的。病猪主要表现为四肢僵直，两耳朵竖立，尾巴向后伸直，牙关紧闭（图
3-18），呼吸困难。严重时可见全身
痉挛，出现角弓反张症状。对外界刺
激较敏感，若治疗不及时或治疗不当，
多数预后不良。

病理变化

无明显的肉眼病变。

诊断

如临床症状表现为全身肌肉明显
痉挛，可做出初步诊断。必要时可对

图3-18　四肢僵硬，牙关紧闭

局部伤口进行猪破伤风杆菌的细菌镜检、分离和鉴定。

防治

在平时猪场管理中要防止猪外伤的发生（如打架、咬尾）。在阉割时，要做好器械和术部的消毒工作。为了预防外伤感染，可在外伤发生后及时地给猪肌内注射广谱抗生素（如青霉素和硫酸链霉素）。当猪发生本病时，首先要将病猪隔离治疗，尽量避免各种不良刺激。第二，清洗伤口（用3%的过氧化氢或2%高锰酸钾或5%碘酊）。检查伤口内有无异物，并撒涂消炎药物（如磺胺结晶或硫酸庆大霉素等）。第三，尽早注射猪破伤风抗血清或抗毒素20万～80万单位，每天2次，皮下注射。第四，使用镇静解痛药物（如盐酸氯丙嗪每千克体重1～3毫克，每天1～3次，或25%硫酸镁注射液10～15毫升，每天1～2次）。第五，对症疗法。用5%生理盐水配合维生素C及其他功能性药物进行输液治疗，每天1次。

4. 猪水肿病

流行特点和症状

本病是由致病性大肠杆菌毒素引起的一种小猪急性、致死性传染病。最新研究表明，本病除了与大肠杆菌感染有关外，还与饲料中缺乏维生素E和亚硒酸钠有一定关系。本病主要发生于保育期间小猪，有时中猪也偶见发病。病猪主要表现为突然发病，体温不高，四肢运动障碍，后躯软脚无力（图3-19），共济失调，叫声嘶哑，对各种刺激较敏感，倒地时四肢划动似游泳状，眼睑水肿，眼球突出（图3-20）。死亡快，一栏中零星出现发病死亡，传染速度慢。

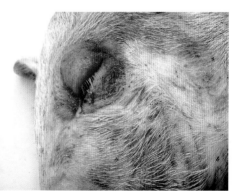

图3-19 四肢运动障碍，后躯软脚无力　图3-20 眼睑水肿，眼球突出

病理变化

病死猪膘情良好，上下眼睑水肿，结肠肠系膜及淋巴结胶样水肿明显（图3-21），肠黏膜也出现水肿，胃大弯的黏膜层与肌肉层之间出现胶冻样水肿（图3-22）。胆囊壁也有水肿病变（图3-23）。

图 3-21　结肠肠系膜胶冻样水肿

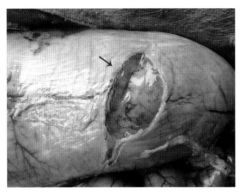

图 3-22　胃大弯黏膜层与肌肉层之间出现胶冻样水肿

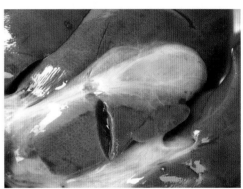

图 3-23　胆囊壁水肿

诊断

从临床症状和病变可做出初步诊断。在临床上，要注意与猪单纯性营养不良造成的水肿鉴别诊断。必要时可对肠系膜淋巴结进行大肠杆菌的分离鉴定，若分离到大肠杆菌的 OK 菌群（其中以 O_{139} 多见），可予以确诊。

防治

加强饲养管理，对仔猪可提早补料，断奶后不要突然改变饲料配方和饲养方式，饲喂量要逐渐增加。在饲料中加大维生素 E 和亚硒酸钠的含量比例，可大大减少本病的发生。在生产实践中对 2 日龄、10 日龄以及 25 日龄仔猪各注射 1 次含硒补铁针，可明显减少本病的发生。本病发生后要及时隔离病猪，进行单独治疗，包括使用广谱抗生素（如恩诺沙星注射液），适量补充亚硒酸钠和维生素 E，采取对症治疗（如注射利尿或强心针剂）。对其他假定健康猪要添加一些广谱抗生素（如土霉素）及亚硒酸钠－维生素E粉和多种维生素，以免发病。已出现软脚、倒地症状的病猪，一般预后不良。

（三）其他病因

1. 仔猪先天性震颤

本病又称小猪跳跳病或小猪抖抖病，是仔猪出生后不久发生的一种以全身或局部肌肉出现有节律的阵发性震颤为主要症状的疾病。本病的确切病因目前尚不明确，有的学者认为与猪瘟病毒、猪圆环病毒、猪肠道病毒或猪伪狂犬病毒有关，有的学者认为与营养不足造成先天性发育不良有关，也有学者认为与种猪的遗传缺陷有关。

流行特点和症状

仔猪出生数小时、数天后，出现骨骼肌群有节律性的震颤，严重的无法站立，卧地不起（在卧地后震颤减轻或停止，图3-24）。有的头部、颈部也出现震颤，造成仔猪无法吸奶，最终衰竭而死。有的后躯震颤厉害，仔猪呈不停抖动状。仔猪的体温、脉搏、呼吸均无异常。本病无明显的传染性，一般仅发生在某些窝的部分仔猪，有时也全窝发生。发生本病后，若能吸

图3-24　仔猪全身肌肉震颤，无法站立，卧地不起

吮母乳，那么10多天后就可逐渐恢复正常。若不能吸吮母乳，则预后不良，往往被饿死或被母猪压死。

病理变化

无明显的肉眼病变。

诊断

本病主要依据临床症状进行诊断。

防治

在管理上，猪场发生本病后要认真分析原因，看看有没有做好猪瘟、猪伪狂犬病的疫苗免疫，看看所用公猪有无遗传性疾病，看看母猪怀孕期间的营养搭配是否合理及怀孕期间是否使用过违禁药物等。找到原因后再采取相应的防范措施。发病后要加强仔猪的管理，特别是要耐心地喂奶，防止被母猪压伤或压死，治疗上无特效药物。

2．仔猪低血糖症

流行特点和症状

本病主要发生在 1 周龄以内的新生仔猪。病猪主要表现为精神沉郁，软脚无力（图 3-25），不愿吸吮初乳，体温下降，最终处于昏迷状态而衰竭死亡。仔猪出现低血糖症，一方面与先天性衰弱、活力差、不能吸吮母乳有关，另一方面与母猪在分娩前后发生无乳综合征或其他疾病而造成泌乳性能障碍、泌乳量不足及母猪产仔数太多等都有关系。发病率可高达 25%。

图 3-25　仔猪软脚无力

病理变化

仔猪脱水，胃肠内容物空虚，肾脏和输尿管有白色尿酸盐沉积。

诊断

根据临床症状、病变可做出初步诊断。必要时可通过测定仔猪血糖含量进行确诊（正常时血糖浓度为 5 ～ 6 毫摩／升，发病时可下降到 1.6 毫摩／升以下，若下降到 1.1 毫摩／升以下可发生痉挛现象）。

防治

加强母猪的饲养管理，使之在产仔后有充足的乳水。若乳水不够可考虑寄养或喂人工乳，在产仔数太多时可考虑淘汰一些弱仔猪。发病猪可用 5%～ 10%葡萄糖溶液 15 ～ 20 毫升进行腹腔注射，每 4 ～ 6 小时注射 1 次，直至恢复到能自动吸乳为止。也可以通过口腔灌服 20%糖水，每次 10 ～ 20 毫升，每 2 ～ 3

小时 1 次，连喂 3 ~ 5 天。此外，还要做好仔猪的保温工作。

3. 猪有机磷中毒

流行特点和症状

由于猪吃了受有机磷农药污染的青绿饲料或用敌百虫等有机磷农药进行体内外驱虫，而造成猪有机磷中毒。病猪主要表现为口吐白沫，大量流涎，躁动不安，不断排粪或拉稀。严重时病猪横冲直撞，四肢抽搐，死亡速度快。

病理变化

瞳孔缩小，胃肠黏膜易脱落和出血（图 3-26），心外膜也有出血点，肾脏淤血，肺脏水肿，气管和支气管内有大量泡沫样液体，脑部水肿，充血明显，肝脏肿大，肝脏表面呈淤黑色（图 3-27）。

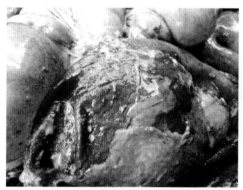

图 3-26　胃肠黏膜脱落和出血

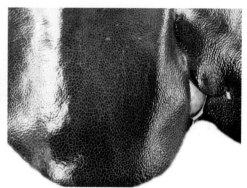

图 3-27　肝脏呈淤黑色

诊断

根据病史、临床症状、病变可做出初步诊断。必要时可采血进行胆碱酯酶活力测定，予以确诊。

治疗

首先，要立即解除中毒来源（如停喂有毒青饲料），同时应用胆碱酯酶复活剂（如碘解磷定）和乙酰胆碱对抗剂（如硫酸阿托品等）进行配合治疗。在用药过程中，要根据猪体大小和中毒程度掌握用药剂量和次数。用药期间要特别注意观察瞳孔变化，若瞳孔仍然缩小，那么要增加用药剂量。此外对危重病例，还应采取对症辅助疗法（如输液、兴奋呼吸中枢等）。

4．猪延胡索酸泰妙菌素中毒

流行特点和症状

在使用延胡索酸泰妙菌素防治猪支原体肺炎过程中，超量使用或与聚醚类抗球虫药（如盐霉素、马杜霉素、莫能霉素等）合用，猪就会产生中毒现象。各种日龄猪均可发病，其中多见于保育小猪。在生产实践中可见猪群突然出现绝大多数猪精神沉郁、软脚无力（图3-28）、吃料减少等症状，严重时可造成大面积死亡。病程持续1～2天。

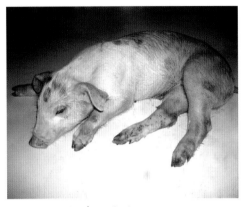

图3-28　软脚无力症状

病理变化

无明显的肉眼病变，有时可见胃肠道黏膜脱落。

诊断

根据病史及临床症状可做出初步诊断。必要时对饲料和病死猪的肝脏进行延胡索酸泰妙菌素及盐霉素等的定性分析诊断。

防治

在生产实践中，常使用延胡索酸泰妙菌素来防治猪支原体肺炎，其使用剂量和使用方法要按说明书要求。特别是不能与盐霉素等（抗球虫、促生长作用）配伍使用，否则易发生中毒现象。发生本病后可采取如下措施：第一，停止饲喂原有的饲料而更换为新鲜的饲料，在饮水中加入3%～5%的葡萄糖及适量电解多种维生素。第二，有症状病猪要立即注射硫酸阿托品注射液，必要时静脉注射葡萄糖溶液治疗，有一定的效果。

5．猪食盐中毒

流行特点和症状

适量的食盐可增进食欲，是机体所必需的。但采食量过大或饲喂方法不恰当，往往会造成猪中毒，严重者甚至导致死亡。病猪初期精神沉郁，继而出现呕吐、兴奋不安、流涎（图3-29）、肌肉震颤、口渴、拉稀症状。严重时视觉和听觉障碍，刺激无反应，四肢痉挛，继而倒地，四肢出现划水样动作，最后昏迷死亡。

病理变化

病死猪脑膜和大脑皮质有不同程度的充血、出血、水肿（图3-30）。胃肠黏膜充血、出血，肝脏肿大、质脆，其他脏器病变不明显。

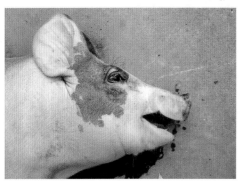
图3-29 大量流涎

图3-30 脑部充血、出血及水肿

诊断

根据病史、临床症状可做出初步诊断。必要时可采血液、肝脏、脑部等组织进行氯化钠含量测定。

防治

发现中毒后要立即停喂可疑饲料和水，并供给充足的清水；同时可选用下列药物进行治疗：25%硫酸镁注射液10～25毫升进行静脉或肌内注射；20%葡萄糖酸钙注射液50～100毫升进行静脉注射；双氢克尿噻（每支10毫升，含250毫克）2～8毫升进行肌内注射，每天1～2次；食醋100～500毫升加适量水后一次性喂服。

6. 猪钙缺乏症

流行特点和症状

仔猪缺钙后表现为衰弱无力，食欲减少，精神不振，不愿站立和运动（图3-31），并出现异嗜癖。随着病情发展，关节逐渐肿胀，触之有疼痛表现。仔猪常弯腕站立或以腕关节爬行，后肢以跗关节着地。此外，肌肉兴奋性增强，触之较敏感，严重时抽搐。

病理变化

主要表现为关节肿大、骨质疏松易折断，有时肋骨变形并呈串珠状（图 3-32）。

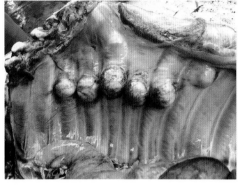

图 3-31　仔猪不愿站立和运动　　　图 3-32　肋骨变形并呈串珠状

诊断

通过血钙化验，可知血钙含量显著降低，再结合临床症状即可诊断。

防治

加强母猪的饲养管理，保证日粮中的钙、磷和多种维生素含量达到相应饲养标准。在产前 1 个月左右可肌内注射长效的维生素 D_3 注射液进行预防，对病猪可用维丁胶性钙注射液（每千克体重 0.2 毫克），隔日肌内注射 1 次，也有一定防治效果。

四、高热症状疾病

猪高热症状疾病在临床上是一种常见病和多发病，在每年的夏秋季节尤为常见。实际上，猪高热症状疾病不是单独的一种病（有的又称猪无名高热或高热病），而是许多热性病的总称，包括一些病毒性传染病（如典型性猪瘟、高致病性猪蓝耳病、猪流感、猪伪狂犬病等）、细菌性传染病（如猪链球菌病、猪丹毒等）、寄生虫性疾病（如猪弓形虫病等），以及导致高热症状的其他疾病（如猪热射病、猪附红细胞体病、饲料霉菌毒素中毒等）。

（一）病毒性病因

1. 典型性猪瘟

流行特点和症状

各种日龄猪均可发生猪瘟。其中，仔猪和断奶小猪主要出现以低烧和顽固性拉稀为主要症状的非典型性猪瘟。种猪较少发生典型性猪瘟，但有时会隐性带毒，对母猪的繁殖性能有所影响，会造成流产、产死胎、产木乃伊胎、产弱仔等。在临床上典型性猪瘟主要见于保育猪和架子猪。主要表现为体温升高到40.5～42℃，稽留热，粪干，有时便秘与腹泻交叉出现，尿黄，公猪包皮积尿、挤压时可有恶臭浑浊液体流出，眼分泌物较多。用一般抗生素和磺胺类药物治疗无效。在病中后期，病猪的耳朵、腹部、四肢末端皮肤，甚至全身皮肤出现出血点或出血斑（图4-1～图4-3），死亡率可达60%～80%。

图4-1　耳朵发红发紫

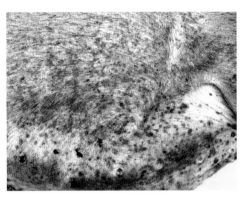

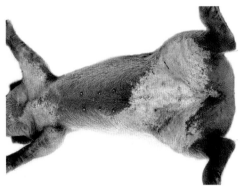

图 4-2　腹部皮肤出现出血点　　　图 4-3　全身皮肤发红发紫

病理变化

病死猪的腹股沟淋巴结等全身淋巴结肿大、出血，切面为周边出血并呈大理石样病变（图 4-4）。脾脏边缘有锯齿状坏死灶或梗死灶（图 4-5）。肾脏苍白，表面有一些散在的针尖大小的出血点（图 4-6）。肾脏切面可见出血点（图 4-7）。肾盂、膀胱黏膜也有不同程度的出血点或出血斑（图 4-8）。在盲肠、结膜、小肠、胃浆膜层以及肠系膜也可见到不同程度的出血斑或出血点（图 4-9）。喉头会厌软骨、心脏内外膜、肺脏及肋骨膜也可见出血斑或出血点（图 4-10～图 4-13），在回肠末端、盲肠、结肠黏膜上可见一些纽扣状溃疡灶（图 4-14）。扁桃体也出现炎症坏死，有的齿龈也出现出血和坏死病变（图 4-15）。

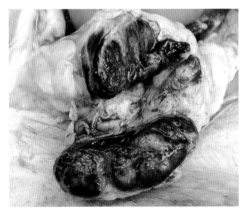

图 4-4　腹股沟淋巴结肿大出血并呈大　图 4-5　脾脏边缘出现梗死灶
理石样病变

图 4-6　肾脏苍白，表面出现针尖大小出血点

图 4-7　肾脏切面出现出血点

图 4-8　膀胱黏膜出现出血斑或出血点

图 4-9　大小肠浆膜层出现出血斑或出血点

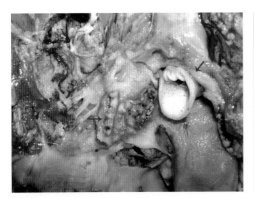

图 4-10　喉头会厌软骨出现出血点，扁桃体出现坏死灶

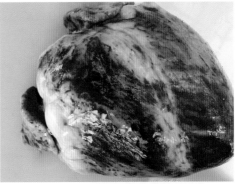

图 4-11　心脏内外膜出现出血斑或出血点

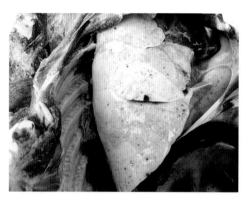

图 4-12　肺脏表面出现出血斑或出血点

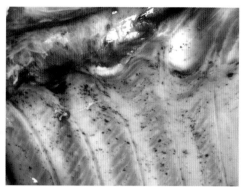

图 4-13　肋骨膜出现出血斑或出血点

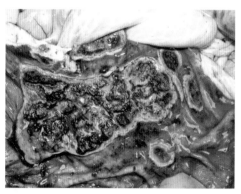

图 4-14　盲肠黏膜出现纽扣状溃疡灶

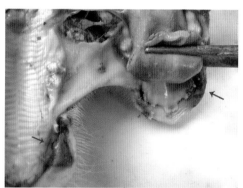

图 4-15　齿龈出现坏死病变

诊断、防治

详见"一/(一)/1.非典型性猪瘟"。

2. 高致病性猪蓝耳病

传统的猪繁殖与呼吸综合征（猪蓝耳病）主要导致母猪的繁殖障碍和仔猪呼吸困难、死亡率高，以及中大猪出现轻微的全身症状。2006 年之后我国又出现了变异的猪繁殖与呼吸综合征病毒株可导致各种日龄猪高热不退，死亡率很高（即高致病性猪蓝耳病）。

流行特点和症状

本病多发生在气温高的夏秋季节（5 ~ 10 月），但近年来在冬季也多发。本病传播速度很快，在一个猪场内通常是大猪、母猪先发病，经过 10 天左右可波及全群。也有些猪场是从母猪、仔猪先发病，而后再传染到中大猪。病程在一个猪场内可持续 1 ~ 2 个月。本病也很容易从一个猪场传染到邻近的周边猪场，从而形成地方性流行。饲养管理条件差的猪场，病情相对较严重。从外地购进猪苗的猪场，其发病率也相对较高。大部分猪场的发病率可达 50% 以上，死亡率可达 20% ~ 50%，严重的死亡率可高达 90%。发生本病时若再免疫猪瘟疫苗或其他疫苗，那么发病率和死亡率会更高。

病猪主要表现为体温升高到 40.5 ~ 42℃，稽留热，全身皮肤发红（图 4-16），食欲减少或废绝，粪干、呈球状，喜卧。病猪呼吸困难（以腹式呼吸为主），有些猪还出现喘气或咳嗽症状，有些猪会出现呕吐或脑神经症状。病程稍长的病猪耳朵发蓝发绀，腹下和四肢末端甚至全身皮肤发红发紫（图 4-17 ~ 图 4-20），有时

图 4-16　全身皮肤发红

腹下皮肤的毛孔内有蓝紫色出血斑。有的出现眼结膜炎、眼球突出（图 4-21），个别病猪有流清鼻涕或脓鼻涕症状（图 4-22）。个别病猪不能站立，四肢还出现划水样动作等脑神经症状。母猪高热不退、便秘、不吃料，部分母猪出现流产、产死胎现象。用一般的抗生素和磺胺类药物治疗效果不佳。当耳朵和腹下皮肤发绀时，其死亡率几乎可达 100%。近年来，高致病性猪蓝耳病的发病趋向温和，

图 4-17　耳朵淡蓝色

图 4-18　耳朵发紫

图 4-19　全身皮肤呈紫红色

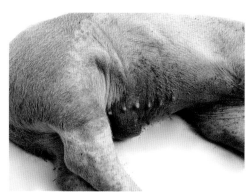

图 4-20　腹下、四肢末端皮肤呈紫红色

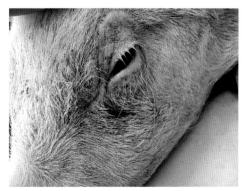

图 4-21　出现眼结膜炎症状

图 4-22　流鼻涕症状

在临床上与传统的猪蓝耳病不易区别，多呈隐性感染。

病理变化

从外表的病变来看，一些病死猪的耳朵、腹下、四肢末端皮肤发绀，个别腹下毛囊内可见明显的蓝紫色出血点。剖检肺脏病变比较复杂，大多数为间质性肺炎，间质增宽，切面为鲜红色，可流出大量泡沫样粉红色液体。也有一些病例出现纤维性胸膜肺炎、胸腔积水及肺脏与心包粘连现象。也有一些肺脏只出现淤血病变（图 4-23）。腹股沟和肠系膜淋巴结肿大，切面可见出血点或有不同程度的坏死灶。部分病例的肾脏表面出现小出血点（图 4-24），膀胱、喉头、冠状脂肪也可见到一些出血点。少数病例的脾脏肿大，颜色变黑，肝脏略肿大。一些病死猪的脑膜出现出血、充血病变。流产胎儿身上也有出血斑。

图 4-23　肺脏出现淤血病变　　　图 4-24　肾脏出现小出血点

诊断

根据本病的临床症状、病变可做出初步诊断。但在临床上须注意与猪瘟、猪流感、猪弓形虫病、猪败血型链球菌病、猪附红细胞体病、猪热射病、传统的猪繁殖与呼吸综合征等疾病进行鉴别诊断。要确诊必须取病死猪的肺脏、脑组织、淋巴结进行高致病性猪蓝耳病病毒的聚合酶链式反应试验。此外，在发病初期和康复期对猪场分别采血 1 次，应用酶联免疫吸附试验测定血液中猪繁殖与呼吸综合征病毒抗体水平，若在发病前或发病初期猪繁殖与呼吸综合征病毒抗体为阴性，而康复期猪繁殖与呼吸综合征病毒抗体为阳性，说明该猪场感染过该病病原，但此结果只能作为参考。

预防

首先，要加强饲养管理，积极提倡自繁自养和"全进全出"的饲养模式，平时要做好猪场的消毒、隔离，以及生物安全工作。其次，选择使用猪场猪繁殖与呼吸综合征的疫苗免疫。目前可供使用的猪繁殖与呼吸综合征疫苗有传统美洲株猪繁殖与呼吸综合征活疫苗、灭活疫苗，以及高致病性猪蓝耳病活疫苗、灭活疫苗。对于猪繁殖与呼吸综合征疫苗的使用，目前尚存在争议，多数学者认为免疫疫苗对高致病性蓝耳病有预防效果，但对病情复杂的猪场要慎用猪繁殖与呼吸综合征活疫苗。具体做法是：母猪每年免疫 2 ~ 3 次，肉猪于 7 ~ 10 日龄免疫 1 次，具体使用剂量参照说明书。

处理

当临床上遇到高热不退、病死猪的耳朵和腹下皮肤发红发紫时，要及时送检，以尽快确诊。若怀疑或确诊为高致病性猪蓝耳病，按规定要及时采取上报、封锁、扑杀、消毒等处理措施，并对病死猪及其废弃物进行焚烧、深埋、高压等无害化处理。对周围受威胁的猪场要用猪繁殖与呼吸综合征活疫苗进行紧急免疫。

3．猪流感

猪流感可导致高热症状，详见"二 /(一)/3. 猪流感"。

4. 猪伪狂犬病

中大猪发生伪狂犬病时，可导致高热症状，详见"一 /(一) 2. 猪伪狂犬病"。

（二）细菌性病因

1．猪链球菌病

本病主要是败血型链球菌病，可导致猪高热症状（详见"三 /(二)/1. 猪链球菌病"）。

2．猪丹毒

流行特点和症状

本病是由猪丹毒细菌引起的一种猪急性、热性、败血性传染病。各种日龄猪均可发病，但多见于中大猪。一年四季中多见于夏季，春秋季次之。在临床上可分为 3 个类型：一是急性败血型。病猪体温高达 42℃以上，稽留不退，不吃食，眼结膜潮红，粪干，死亡快。二是亚急性疹块型（"鬼打印"）。病猪除了体温上升到 42℃以上外，在皮肤上还可见到红色疹块（图 4-25、图 4-26）。这些疹

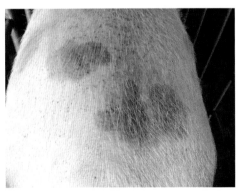
图 4-25　皮肤出现红色疹块（早期）

图 4-26　皮肤出现红色疹块（中后期）

块的大小和形状不一（有三角形、圆形、方形、菱形等），且疹块会突出皮肤，中后期疹块变黑脱皮（图4-27～图4-30）。若治疗不及时易造成死亡。三是慢性型。病猪主要表现为关节炎，猪生长发育受阻，死亡率较低。

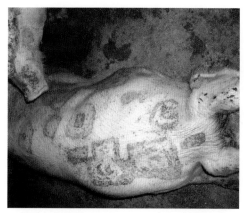

图4-27 皮肤出现不同形状的疹块（一）

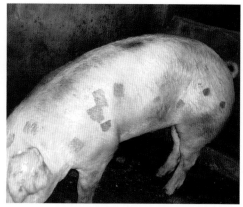

图4-28 皮肤出现不同形状的疹块（二）

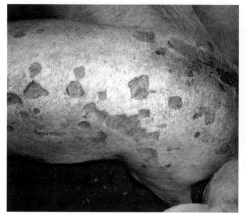

图4-29 疹块变黑脱皮（一）

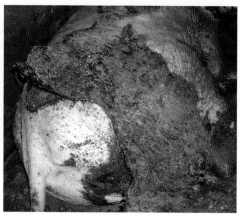

图4-30 皮肤变黑脱皮（二）

病理变化

急性病例可见胃底黏膜出血，小肠黏膜也有不同程度的出血。全身淋巴结肿胀、切面多汁，脾脏肿大、呈紫红色，肾脏肿大、暗红色（图4-31）。心脏内膜有小出血点，肺脏充血或水肿。亚急性病例除了有急性病例的病变外，还在心脏二尖瓣可见有溃疡性心内膜炎，并形成疣状增生（图4-32）。慢性病例则四肢关节肿大，关节囊内有浆液性纤维性渗出物。

图 4-31　肾脏肿大并呈暗红色

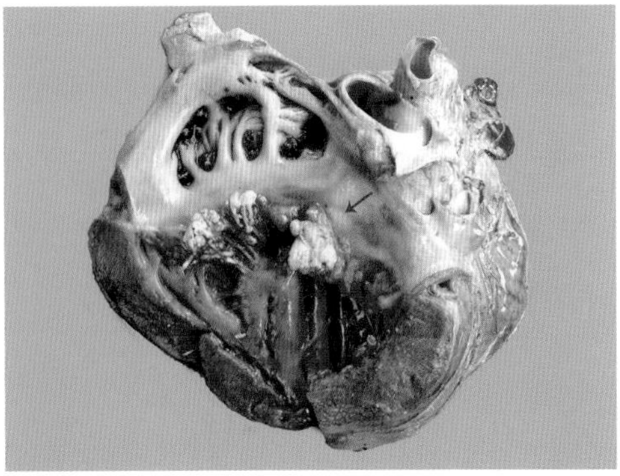

图 4-32　心脏二尖瓣疣状增生

诊断

根据临床症状和病变可做出初步诊断。必要时可取病料进行细菌镜检和培养鉴定（猪丹毒细菌为纤细的小杆菌，图 4-33）。

预防

第一，疫苗预防。目前可供使用的疫苗有两种：一种是猪丹毒活疫苗，另一种是猪瘟-猪丹毒-猪多杀性巴氏杆菌病三联活疫苗，具体使用方法参照说明书。第二，药物预防。一般

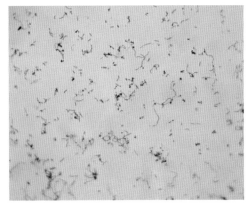

图 4-33　猪丹毒细菌

的广谱抗生素（如土霉素、氟苯尼考、阿莫西林等）对本病均有比较好的预防效果，可定期添加预防。

治疗

发病后应尽早诊断，对病猪要及时隔离治疗。所有药物中以青霉素为首选抗生素，按每千克体重 2 万～4 万单位，每日 2～3 次进行肌内注射。值得注意的是，经治疗后病猪的体温和食欲恢复正常后，还需继续用药 1～2 天，防止本病的复发或转为慢性。此外，可在饲料中选择添加阿莫西林、氟苯尼考、磺胺类药物等，对猪群中其他猪只进行预防。

（三）寄生虫性病因

猪弓形虫病

流行特点和症状

本病是由龚地弓形虫寄生于猪（也可寄生于人及猫、牛、犬等多种动物）的一种人畜共患病。猫作为终末宿主是本病流行发生的重要一环。本病多发于一年中的5～10月。各种日龄猪均可发病，但以3～5月龄的仔猪发病较严重。我国许多猪场均有本病病原的隐性感染。病猪主要表现为体温升高到40～42℃，稽留热，精神沉郁，拒食或减食，呼吸困难，咳嗽。耳朵、腹下、四肢末端皮肤发绀或有紫红色出血斑（图4-34）。怀孕母猪流产、产死胎，易继发子宫内膜炎或出现不孕症。

图4-34　耳朵发绀

病理变化

肺脏肿大，呈暗红色，间质增宽，其内充满半透明胶冻样渗出物（图4-35）。脾脏肿大明显（图4-36），棕红色或黑褐色，表面有凸起的出血点或坏死灶。

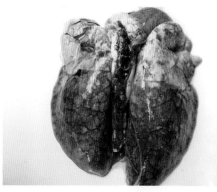

图4-35　肺脏水肿、炎症、间质增宽　　图4-36　脾脏肿大明显

肝脏也略肿大，有时在肝脏表面也可见灰白色的坏死灶。腹水多。肾脏有弥漫性淤血和出血点（图4-37）。全身淋巴结肿大，切面可见有小坏死灶（图4-38）。

图 4-37　肾脏表面有弥漫性淤血或出血点

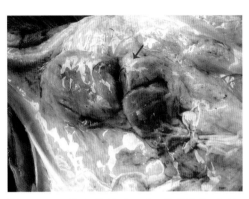

图 4-38　淋巴结肿大，切面有小坏死灶

诊断

根据本病的临床症状和病变可做出初步诊断。取病死猪肺脏组织、淋巴结、脾脏或胸腹腔渗出液进行涂片镜检或染色镜检，查到半月形或香蕉形的龚地弓形虫的速殖子（胞核为红色、胞质为蓝色，图4-39），可做出确诊。此外，也可抽血进行间接血凝试验看看有无龚地弓形虫的抗体，若有则表明该猪场以前感染过本病病原或目前正感染本病病原，这对诊断有参考意义。

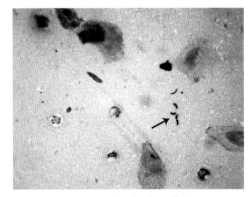

图 4-39　半月形或香蕉形龚地弓形虫虫体

防治

第一，猪场要禁止养猫，也要防止野猫进出猪场。平时还要做好灭鼠工作，老鼠少了，猫自然也就少了。第二，药物防治。主要采用磺胺类药物，如每1000千克饲料添加磺胺间甲氧嘧啶钠100～300克、甲氧苄啶20～50克，连续用药3～4天，预防和治疗都有效果。对于个别严重不吃料的病猪还要肌内注射

磺胺类注射液，每天 2 次，连用 3 天。

（四）其他病因

造成猪高热症状疾病的病因除了病毒性、细菌性和寄生虫性病因外，还有其他的病因。其中，常见的有猪热射病（中暑）、猪附红细胞体病、猪饲料霉菌毒素中毒等。在此介绍猪热射病和猪附红细胞体病。

1．猪热射病

流行特点和症状

本病又称猪中暑，一般发生在夏天炎热季节。各种日龄猪均可发生，其中以母猪和膘情好的肥猪更容易发生。饲养条件差的猪舍（如猪舍狭小、猪群拥挤、环境闷热、通风不良、饮水不足），更易导致本病的发生。据试验，在空气相对湿度超过 65%、环境温度超过 35℃时，猪就不能长时间耐受。在阳光下长时间驱赶猪，或长途运输猪时将猪放在较密闭的车船内或在炎热天气进行长途运输均易发生猪中暑现象。

病猪主要表现为体温升高到 41～42℃，皮肤发红，有时可见腹下皮肤出现红白相间的淤血斑（图 4-40），张口呼吸，有时可见口腔大量流涎或口吐白沫，眼球突出，全身大汗，粪便干燥，尿赤黄，猪采食量大减。猪喜欢躺在潮湿的地方或粪尿聚集地。严重时突然倒地，四肢作游泳状划动，若处理不及时常在几个小时内死亡。

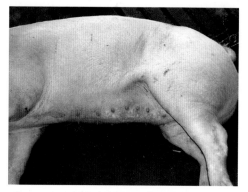

图 4-40　皮肤出现红白相间的淤血斑

病理变化

本病无明显的特征性病变。一般可见肺脏充血、水肿，气管和支气管内有带泡沫的分泌物，脑膜充血。有时可见心冠脂肪出血，心脏内有血凝块沉积，血液呈暗红色。

诊断

根据天气闷热及死亡速度快等特点，可做出初步诊断。

防治

在炎热的夏秋季节里，要做好防暑降温工作。其中，猪舍要通风（自然通风和电风扇通风），猪舍的房顶和舍内要喷水降温，有条件的可以因地制宜地采用滴水降温、水帘降温或喷雾降温等措施。同时，要给猪提供充足的饮水并注意补充电解质、多种维生素（特别是维生素 C 和维生素 E），有条件的猪场可以提供些瓜菜或清热解暑的中药。当猪中暑时，要立即将病猪转移到阴凉通风的地方，用冷水泼洒病猪的全身，也可用冷水灌肠降温。还可采用耳朵、尾部或四肢蹄冠放血治疗。在药物治疗上，可注射盐酸氯丙嗪注射液或青霉素钠配合复方氨基比林和地塞米松注射液，严重的可考虑静脉注射 5% 葡萄糖生理盐水 200 ～ 1000 毫升配合 5% 碳酸氢钠溶液 50 ～ 200 毫升进行治疗。

2．猪附红细胞体病

流行特点和症状

本病是由嗜血支原体寄生于猪（也可寄生于人及多种动物）红细胞或血浆中的一种原虫病，又称猪红皮病。一般认为本病是通过蚊、蝇等吸血昆虫叮咬后传播的，但近年来越来越多的迹象表明，各种不良应激因素（如气候闷热、潮湿、饲养环境恶劣等）及许多免疫抑制性疾病(如猪圆环病毒病、猪繁殖与呼吸综合征、猪流感等）均可诱发本病。本病一年四季均可发生，但以夏秋季节多见。各种日龄猪均可发生。急性病例可见病猪突然发烧（体温 40 ～ 42℃），厌食，全身发红（尤以耳朵、腹下、臀部皮肤较为明显，图 4-41），指压不褪色，粪便干，尿黄或黄褐色。病程稍长的病例可见皮肤毛孔有铁锈色出血点（图 4-42），身上用水一冲可流下粉红色的血水。有时还表现为两后肢不能站立，呼吸困难及眼结膜炎症状，发病率高达 50% ～ 80%，死亡率 10% ～ 30%。慢性病例表现为皮肤和可视黏膜苍白或

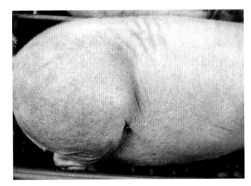

图 4-41　皮肤发红

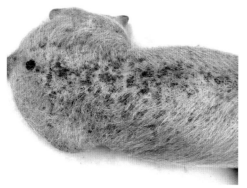 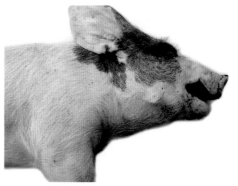

图 4-42　皮肤毛孔可见铁锈色出血点　　图 4-43　皮肤苍白、轻度黄染

黄染（图 4-43），厌食，体温正常或偏高。母猪还出现流产、产死胎、少乳、乳房炎、断奶后不发情等症状。架子猪还表现为生长发育不良，易并发其他疾病（不同并发症有其相应不同的症状）。

　　病理变化

　　主要病变为贫血，黄疸，血液稀薄如水，不易凝固，全身肌肉颜色苍白，皮下脂肪黄染，体表毛孔可见明显的铁锈色出血点。肝脏略肿大，颜色黄染（图 4-44）。心包积液，心肌苍白柔软，冠状沟脂肪黄染并有少量针尖状出血点。全身淋巴结肿大。

　　诊断

　　根据体温升高、皮肤先发红后苍

图 4-44　内脏器官出现轻度黄染

白或出现黄疸及病变可做出初步诊断。采病猪的血液加生理盐水稀释后，在高倍显微镜下观察到红细胞周边有许多呈星状或不规则多边形的附红细胞体（图 4-45），或者用血液涂片进行姬姆萨染色后，在油镜下观察到附红细胞体，即可确诊。值得注意的是，在诊断时可因稀释液不等渗因素造成红细胞变形或因染色液问题而出现假阳性现象。此外，还要看看红细胞中附红细胞体的感染率多少而确定本病是否为主因，因为许多健康猪群中也存在部分红细胞有隐性感染附红细胞体的情况。

防治

第一，要加强饲养管理，减少各种不良应激（特别是热应激），在夏秋季节还要定期驱杀蚊虫等吸血昆虫。第二，发病时可在饲料中添加一些药物进行治疗。如每1000千克饲料中添加盐酸多西环素150～300克或阿散酸150～200克，连喂3～5天。有时使用磺胺类药物也有一定效果。个体病猪可用三氮脒（每千克体重5～7毫克），间隔48小时再服1次，或土

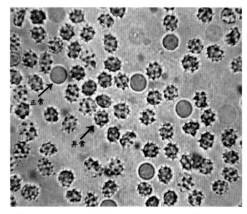

图4-45　显微镜下红细胞和附红细胞体

霉素、盐酸四环素（按每千克体重3毫克）进行肌内注射，均有效果。此外，使用磺胺类注射液治疗也有一定效果。第三，对症治疗。由于猪附红细胞体病在临床上有明显的发热、贫血、黄疸等症状，治疗时要考虑采取解热、补铁、输液等对症措施。对于本病与其他疾病并发的病例，使用药物时还要兼顾到并发症的用药。

五、皮肤症状疾病

（一）皮肤发红的病因

在临床上，猪皮肤出现发红现象较常见，按照发红皮肤的部位不同可分为全身皮肤发红、耳朵皮肤发红、躯体局部皮肤发红3类。其中，全身皮肤发红可见于典型性猪瘟、猪繁殖与呼吸综合征、猪链球菌病（败血型）、猪附红细胞体病、猪热射病、饲喂高铜添加剂、猪酒糟中毒、猪过敏反应等；耳朵发红可见于典型性猪瘟、猪繁殖与呼吸综合征、仔猪副伤寒、猪传染性胸膜肺炎等；躯体局部皮肤发红可见于猪丹毒、猪巴氏杆菌病、猪局部皮肤炎症感染等。

1．典型性猪瘟

本病可导致猪全身皮肤和耳朵发红，详见"四/（一）/1.典型性猪瘟"。

2.猪繁殖与呼吸综合征

本病可导致猪全身皮肤和耳朵发红，详见"二/（一）/1.猪繁殖与呼吸综合征"。

3.猪链球菌病（败血型）

本病可导致猪全身皮肤发红，详见"三/（二）/1.猪链球菌病"。

4.猪附红细胞体病

本病可导致猪全身皮肤发红，详见"四/（四）/2.猪附红细胞体病"。

5．猪局部皮肤炎症感染

流行特点和症状

本病在猪场多见于仔猪和保育小猪，多发生同一窝内和同一栏内，与注射或损伤后局部皮肤感染有直接关系。病猪主要表现为耳朵后部、阴囊部或下颌等皮肤大面积发红发紫（败血症症状，图5-1～图5-4），体温上升到41～42℃，喘气。若治疗不及时，可在1～2天内死亡，死亡率高达100%。

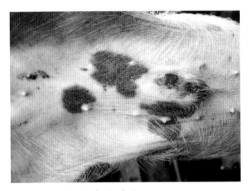

图5-1　腹下皮肤发红　　　　　图5-2　颈部皮肤发红

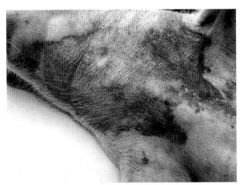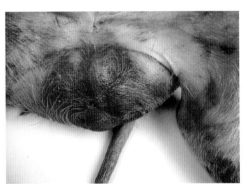

图5-3　颌下皮肤出现发红和坏死病变　图5-4　阴囊部皮肤发红

病理变化

除了局部皮肤发红发紫（败血症症状）外，肺脏有出血点，腹腔表面有丝状纤维素性物质渗出，肾脏肿大、呈暗红色，有的也有出血点，心冠脂肪也有出血点。

诊断

通过临床症状和病变可做出初步诊断。必要时可对病变内脏和局部皮肤进行细菌分离鉴定，分离出链球菌或致病性大肠杆菌等即可确诊。

防治

平时要加强猪舍消毒和针头消毒工作，在阉割时要做好猪局部皮肤消毒和刀具、操作者手的消毒工作。一栏猪中若发现有一头病猪，则要及时对整栏猪肌内注射青霉素和硫酸链霉素或头孢噻呋钠，连续注射2～3天。

（二）皮肤苍白的病因

导致猪皮肤颜色变为苍白的病因也很多，有猪胃溃疡、内出血、仔猪缺铁性贫血、猪蛔虫病、猪毛首线虫病，以及内脏破裂等。这里着重介绍猪胃溃疡、仔猪缺铁性贫血、猪蛔虫病等3种病。

1. 猪胃溃疡

流行特点和症状

本病的病因比较复杂，除了与饲养管理不良（如缺乏粗纤维、饲料颗粒过细、饲料霉变、滥用药物、饲养营养搭配不合理及各种应激）有直接影响外，许多疾病（如猪螺旋菌病、猪圆环病毒病、猪繁殖与呼吸综合征、猪胃肠炎等）与本病均有一定关系。本病可发生于各年龄猪，但以中大猪和母猪多见。当症状轻微时，常表现一般性的消化不良和厌食、呕吐症状。严重时表现为精神沉郁，食欲废绝，磨牙或吐血。全身皮肤和可视黏膜苍白（图5-5），排出黑色焦油状血便（图5-6），常突然死亡。

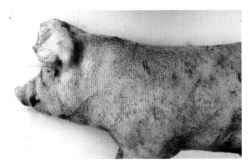

图 5-5　皮肤失血苍白

图 5-6　肛门排出黑色焦油状血便

病理变化

猪胃溃疡的病灶多出现在胃的贲门部（食管区），有时也出现在幽门部或其他部位。病初可见黏膜起褶皱，变得粗糙，进而形成糜烂不平、溃疡或穿孔（图5-7、图5-8）。胃溃疡导致内出血死亡的猪还可见到胃和肠内充满血凝块（图5-9～图5-11），后段肠管内容物为黑色。胃溃疡导致胃穿孔死亡猪还可见到严重的腹膜炎，胃壁上有破裂小孔，腹腔中遗留着各种各样的食糜（图5-12、图5-13）。

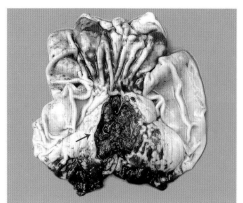

图 5-7　胃溃疡创面

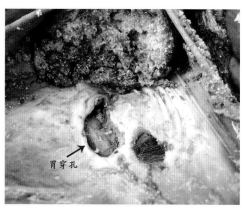

图 5-8　胃溃疡创面及胃穿孔病变

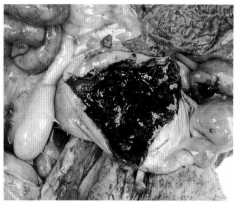

图 5-9　胃内充满血凝块

图 5-10　小肠内有出血病变

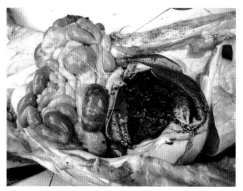

图 5-11　胃肠内有出血病变

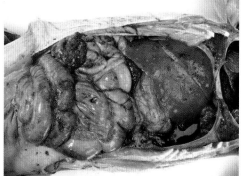

图 5-12　胃穿孔后内脏表面附着食糜，
并发腹膜炎（一）

诊断

从临床症状、病变基本上可做出诊断。在临床上还要与猪痢疾、猪增生性肠炎、猪沙门菌病进行鉴别诊断。

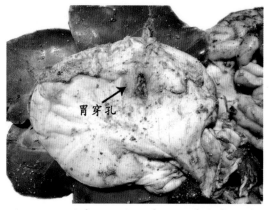

图 5-13　胃穿孔后内脏表面附着食糜，并发腹膜炎（二）

防治

在平时饲养管理过程中要多喂富含粗纤维饲料，加大破碎后玉米颗粒的大小，尽量减少各种不良应激。杜绝饲料霉变、滥用药物。当发现病猪出现呕吐、皮肤苍白、拉黑色血便时要立即隔离治疗，及时注射酚磺乙胺等止血针及消炎止痛注射液。必要时还要结合输液和其他对症治疗措施。猪胃溃疡严重的病例，治疗效果差。

2. 仔猪缺铁性贫血

流行特点和症状

主要发生于 15 ～ 30 日龄的哺乳仔猪。病猪主要表现为精神沉郁，食欲减退，离群伏卧，被毛粗乱，体温正常，可视黏膜和皮肤苍白（图 5-14）。稍微活动后就心悸亢进、喘息不止。有时在奔跑中突然死亡。有的交替出现下痢、便秘现象。

病理变化

图 5-14　仔猪皮肤苍白

皮肤和可视黏膜苍白，有时轻度黄染。血液稀薄不易凝固，肌肉色淡，心脏扩张，肺脏水肿。病程较长的病猪多消瘦。

诊断

根据临床症状和病变可做出初步诊断。必要时可采血进行红细胞计数和血红蛋白测定（病猪每百毫升血液中血红蛋白降到 3 ～ 4 克）进行确诊。

防治

在预防上，产前、产后母猪饲料中要多加些氨基酸螯合铁（如苏氨酸铁），仔猪出生后第 2 天、第 10 天和断奶时分别注射 1 次的补铁针（如牲血素），对预防本病有良好效果。本病的治疗方法也是肌内注射铁制剂（如右旋糖酐铁注射液、葡萄糖铁钴注射液、山梨醇铁注射液等），也可以内服补充铁制剂（硫酸亚铁、焦磷酸铁、乳酸铁等）来达到补铁的目的。

3. 猪蛔虫病

流行特点和症状

各种日龄猪均可感染，其中主要危害 3 ～ 6 月龄的小猪和架子猪。病猪主要表现为被毛粗乱，消瘦，皮肤苍白贫血，生长缓慢，消化功能障碍，磨牙。当蛔虫数量多时可引起肠梗阻或肠穿孔；有时蛔虫可进入肝脏胆管引起黄疸和腹痛症状；有时可见从肛门或粪便中排出成虫（图 5-15）；在蛔虫幼虫移行经过肺脏时还可导致小猪咳嗽、呼吸急促等肺炎症状。

图 5-15 肛门口排出蛔虫

病理变化

在肝脏可见大小不等的乳白色斑点（又称乳斑肝，图 5-16）。当蛔虫幼虫移行至肺脏时，导致肺脏出现局灶性出血或间质性肺炎。剖检可见小肠内有数量不等的蛔虫虫体，严重时可引起小肠阻塞（图 5-17）。有时在肝脏胆管中也可见蛔虫。全身皮肤和可视黏膜苍白贫血。严重时也可见黄疸病变。

图 5-16 肝脏表面出现乳白色坏死斑点

诊断

根据临床症状和病变可做出初步诊断。必要时可取猪粪便直接镜检或采用饱和盐水漂浮法集卵后镜检虫卵进行诊断。蛔虫的虫卵外层为锯齿状、凹凸不平，比较容易辨识（图5-18）。

防治

平时要搞好猪舍的清洁卫生，对猪粪进行集中处理，防止猪粪对饲料、饮水的污染，尽量减少猪群接触到感染性虫卵。每年定期对猪群进行驱虫，目前使用较普遍的驱虫方法为"4+1"驱虫模式（即母猪每年驱4次，仔猪保育期间驱1次）。所用的驱虫药物很多，其中比较常用的有阿苯达唑（每千克体重5～10毫克）、芬苯达唑（每千克体重5～7.5毫克）、盐酸左旋咪唑（每千克体重8毫克）。此外，敌百虫、阿维菌素、伊维菌素等对本病也有一定效果。

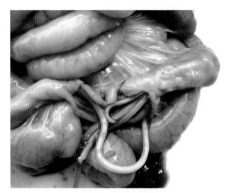

图5-17　小肠中塞满蛔虫

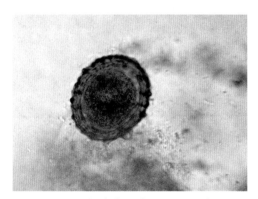

图5-18　虫卵黄色，外层膜呈锯齿状、凹凸不平

（三）皮肤变淡蓝色的病因

造成猪皮肤颜色变为淡蓝色的疾病有猪亚硝酸盐中毒、猪圆环病毒病和猪繁殖与呼吸综合征等，这里着重介绍猪亚硝酸盐中毒。

猪亚硝酸盐中毒

流行特点和症状

本病是猪吃了调制不当的青绿饲料所致，又称猪饱潲病。如青绿饲料发生腐烂或盖锅闷煮成半生半熟饲料，此时饲料中含有大量亚硝酸盐，猪吃后毒物即进入血液，使正常氧气和血红蛋白失去活性，猪全身缺氧，并迅速发病或死亡。各种日龄猪均可发病。猪群喂料后 0.5 ~ 2 个小时后，大部分猪突然发病，主要表现为呕吐、口吐白沫、呼吸极度困难。病猪有时呈犬坐式，有时张口伸舌。鼻端、耳尖及皮肤黏膜呈淡蓝色（图 5-19、图 5-20），体温下降，四肢末梢发凉。严重时四肢痉挛，抽搐而死亡。

图 5-19　鼻端和嘴巴皮肤为淡蓝色

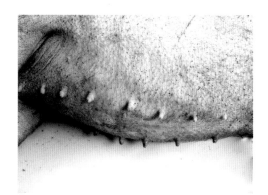

图 5-20　腹下皮肤为淡蓝色

病理变化

剖检可见流出来的血液呈黑褐色或酱油色（图 5-21），可视黏膜发绀，内脏无明显的病变。

诊断

根据病史、临床症状和病变可做出初步诊断。必要时可抽取猪血液、可疑饲料及胃内容物进行亚硝酸盐含量测定，从而确诊。

防治

在预防上，不要饲喂烂菜叶或半

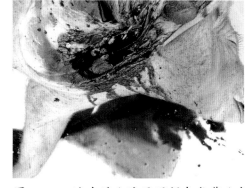

图 5-21　流出的血液呈黑褐色或酱油色

生半熟的青绿饲料。发病时可用 1% 美蓝溶液，按每千克体重 0.1 ~ 0.2 毫升进行静脉注射或肌内注射，若注射后 2 个小时仍未好转，可重复注射。紧急情况下也可使用蓝墨水（每头猪 20 ~ 40 毫升）进行肌内注射，也有一定效果。此外，根据情况可选用葡萄糖注射液、维生素 C 注射液、强心剂等药物进行对症治疗。

（四）皮肤变黄的病因

导致猪皮肤颜色变黄的疾病有猪附红细胞体病、猪钩端螺旋体病、猪药物中毒、猪黄曲霉毒素中毒及猪黄脂病等。这里着重介绍后4种疾病。

1．猪钩端螺旋体病

流行特点和症状

本病是由致病性钩端螺旋体引起的一种人畜共患病。在气候温和、雨水较多的热带亚热带地区的江河、湖泊、沼泽、池塘、水田地广泛存在钩端螺旋体。本病病原主要通过皮肤、黏膜和消化道直接侵入猪体内而感染，也可通过吸血昆虫间接传播。本病的血清型较多，其症状表现也多种多样。一般来说，感染率高，发病率低。仔猪和中大猪主要表现为体温升高，厌食，腹泻，拉血尿，黄疸及神经性后肢无力等症状，几天内或数小时内惊厥而死亡。母猪主要表现为发热，无乳。怀孕母猪还会流产、产死胎，流产率可达70%以上。怀孕后期感染的母猪则产弱仔，或出生后的仔猪不能站立，不会吸吮母乳，移动时呈游泳状，1～2天后死亡。

病理变化

仔猪和中大猪的主要病变是：可视黏膜、皮肤、皮下脂肪及某些内脏器官出现不同程度的出血和黄染（图5-22、图5-23）。肝脏肿大，呈土黄色，肝脏被膜下可见粟粒到黄豆大小的出血灶。脾脏肿大、淤血。肾脏肿大、淤血，肾脏实质黄染。母猪也出现上述类似病变，同时流产胎儿身体各部分组织水肿（以头

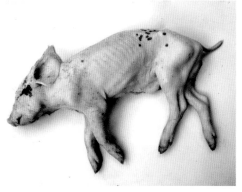

图5-22　皮肤黄染

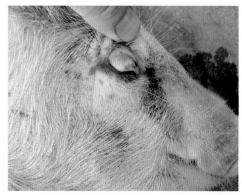

图5-23　眼结膜黄染

部、颈部、腹壁、胸壁、四肢最为明显）。有时流产胎儿身上还有出血点（图5-24）。

图5-24 流产胎儿皮肤出现出血点

诊断

本病要结合实验室检查才能确诊：在本病发热期可直接采血或采尿液进行镜检，在显微镜暗视野下直接观察到体长6～20微米、宽0.1～0.2微米，呈螺旋状、两端弯曲为沟状的细长菌体；也可以通过菌体分离培养、动物接种、酶联免疫吸附试验进行本病的确诊。

防治

在预防上，平时要避免猪群接触到江河湖泊的污水。在遇到洪水淹没时，要及时做好消毒、用药等防范工作。此外，要做好猪场的灭鼠、灭害虫工作，杜绝传染源，切断传播途径。定期做好猪场内外环境卫生的消毒和饮水消毒工作。在本病流行地区可使用本病的单价或多价灭活疫苗进行免疫预防。临床上发现病例时，可选用广谱抗生素（如青霉素、硫酸链霉素、盐酸四环素、硫酸庆大霉素等）进行治疗，有较好的效果；严重的可配合注射葡萄糖、维生素C、强心剂进行对症治疗。

2. 猪药物中毒

流行特点和症状

导致猪皮肤发黄的药物中毒种类比较多，如利巴韦林、磺胺类药物、四环素类药物、氨基糖苷类药物、氯霉素、痢特灵及某些驱虫药等中毒。其中利巴韦林、磺胺类药物中毒比较常见。中毒猪的主要症状是精神沉郁，食欲减少或废绝，体温正常或偏低，全身皮肤和可视黏膜黄染明显（图5-25）。粪便干

图5-25 全身皮肤轻度黄染

或为带黑色稀粪，尿黄。一般为零星发病和死亡。

病理变化

主要病变是皮下脂肪黄染，肝脏呈土黄色（图 5-26），有时肝脏硬化。肾脏肿大，肾髓质也黄染，肾盂有药物结晶析出（图 5-27）。膀胱有黄色积尿，并有一些黄白色沉淀物（图5-28）。

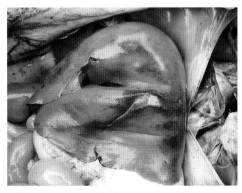

图 5-26　肝脏黄染

图 5-27　肾脏髓质黄染，肾盂有药物结晶析出

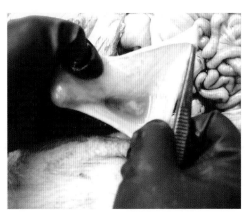

图 5-28　膀胱有黄白色沉淀物

诊断

根据病史、临床症状和病变可做出初步诊断。必要时可结合实验室检查肝脏或血液中药物残留量的结果进行确诊。

防治

在应用兽药进行猪病防治时，一定要科学用药和科学搭配，不能超量使用或重复使用，严禁使用违禁药品。当猪群发生药物中毒时，要立即停药，并在饮水或饲料中添加 1% ～ 5% 的葡萄糖或 0.03% 的维生素 C 或电解多种维生素。对个别严重的病例要结合进行输液、保肝及对症治疗等措施。

3．猪黄曲霉毒素中毒

流行特点和症状

黄曲霉毒素广泛存在于花生、玉米、黄豆、棉籽等农产品及其副产品中。常见 B_1、B_2、G_1、G_2 四种毒素，均属于嗜肝脏毒，对人畜都表现出很强的细胞毒性、致突变性和致癌性。本病多见于 2～4 月龄的架子猪。少数急性中毒病例往往见不到明显的临床症状就突然死亡。多数亚急性病例表现为渐进性食欲减退，粪干，可视黏膜苍白或黄染，有的精神沉郁，有的兴奋不安、抽搐和角弓反张。慢性病例则表现为消瘦，生长缓慢，全身皮肤黄染以及异嗜癖等症状。

病理变化

全身脂肪有不同程度的黄染。肝脏肿大，浅黄色，质地较硬（即肝脏硬化，图 5-29），有的肝脏表面出现黄白色坏死灶（图 5-30），严重的可出现原发性肝癌或肿瘤结节（图 5-31）。胸腔、腹腔及心包有不同程度的积液。

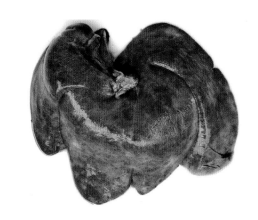

图 5-29　肝脏硬化

诊断

根据临床症状、病变可做出初步诊断。必要时可通过测定饲料中黄曲霉毒素含量来诊断本病。

图 5-30　肝脏表面出现坏死灶

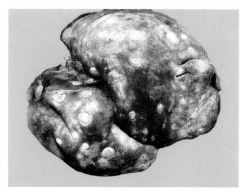

图 5-31　肝脏有黄白色肿瘤结节

防治

防止饲料原料在生产、储运过程中霉变；在饲料加工过程中要加一定量的防霉剂（如苯甲酸钠、双乙酸钠、丙酸钙、山梨酸等），以延长成品饲料保存期。当发现饲料有严重霉变时要立即停喂，轻度霉变时可添加一些霉菌吸附剂进行脱霉处理。对已发生黄曲霉毒素中毒的病例，目前无特效的治疗方法，只能采取一般性的排毒、解毒、保肝、强心及对症治疗方法。

4．猪黄脂病

流行特点和症状

本病是以猪体脂肪组织呈现黄色为特征的一种色素沉积性疾病，俗称"黄膘"。本病与饲料中不饱和脂肪酸含量过高或维生素 E 含量不足有关，如长期饲喂油渣、蚕蛹、鱼粉及比目鱼和桂鱼的副产品等。病猪被毛粗糙，精神倦怠，可视黏膜苍白和黄染。食欲不振，生长缓慢，有异嗜癖。有时还有下痢症状，很少死亡。

病理变化

皮下脂肪呈柠檬黄色（图 5-32），并带鱼腥臭味。肝脏呈黄褐色，多为脂肪变性，肌肉苍白。

防治

饲料中含不饱和脂肪酸成分的饲料比例应控制在 10% 以下，同时日粮中要多添加维生素 E 或含维生素 E 丰富的米糠、青饲料。一般无治疗意义。

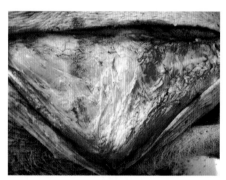

图 5-32　皮下脂肪呈柠檬黄色

（五）皮肤毛孔出血的病因

1．猪圆环病毒病

猪圆环病毒病可导致皮肤毛孔内出现蓝色出血点，详见"二 /（一）/2．猪圆环病毒病"。

2. 猪繁殖与呼吸综合征

猪繁殖与呼吸综合征可导致皮肤毛孔内出现蓝色出血点，详见"二 /(一)/1. 猪繁殖与呼吸综合征"。

3. 猪附红细胞体病

猪附红细胞体病可导致皮肤毛孔内出现铁锈色的小出血点，详见"四 /(四)/2. 猪附红细胞体病"。

（六）皮肤瘙痒的病因

导致猪体皮肤出现瘙痒症状的常见疾病有猪荨麻疹、猪疥螨病、猪虱及猪皮炎－肾病综合征等。这里着重介绍猪荨麻疹和猪疥螨病。

1. 猪荨麻疹

流行特点和症状

本病是由于饲料中存在一些过敏源或人为注射疫苗和药物（如猪瘟活疫苗、磺胺类药物、青霉素等），造成猪发生过敏反应的一种疾病。症状较轻时猪皮肤出现过敏性疹块，病猪的全身皮肤出现丘状红肿（图 5-33），瘙痒，经一段时间后，症状可自行消失而康复。症状较重时还表现为全身皮肤发红，呼吸困难，黏膜发绀，大出汗，烦躁不安，心跳加快，肌肉震颤，

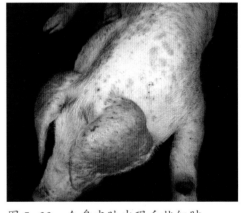

图 5-33　全身皮肤出现丘状红肿

抽搐，粪尿失禁。若治疗不及时，很快就会导致过敏性休克而死亡。

病理变化

一般只在皮肤出现红色疹块。严重病例可见喉头和肺脏水肿，肝脏和肾脏淤血病变。

防治

对易导致过敏反应的饲料、疫苗及药品要严格按说明书使用，并由专人负责用药注射工作。如发现异常情况要立即停止使用，并立即使用 0.1% 肾上腺素或地塞米松进行皮下注射；必要时还要用 10% 葡萄糖溶液进行静脉注射，并采取相应对症治疗措施。

2．猪疥螨病

流行特点和症状

各种年龄、品种和性别猪均可感染。猪的全身皮肤均可寄生疥螨。患部皮肤奇痒，可见病猪用患部皮肤摩擦墙壁（图5-34），也有用肢蹄搔擦。患处皮肤脱毛且可见红斑、结痂、皮肤增厚症状（图5-35），有的在猪耳朵内也寄生疥螨（图5-36）。严重时可见皮肤渗出物干涸后出现褶皱和龟裂现象。此外，病猪还出现不同程度的减食、消瘦、贫血、生长缓慢症状。

图 5-34　用身体皮肤摩擦墙壁

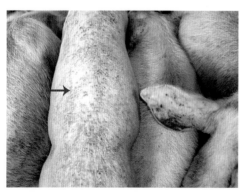

图 5-35　背部皮肤增厚或脱皮

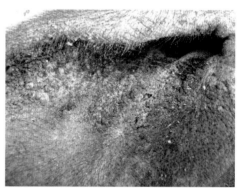

图 5-36　耳朵内寄生大量疥螨

病理变化

猪感染疥螨的局部皮肤出现炎症病变，皮肤增厚，皮屑增多。治愈后皮肤脱皮。严重病例可出现皮肤炎症坏死。

诊断

根据临床症状、病变可做出初步
诊断。必要时可用小刀刮取患部皮肤
（刮到微出血为止），将皮屑置载玻
片上，滴加10%氢氧化钠溶液2～3滴，
盖上盖玻片在显微镜下观察，如观察
到疥螨虫体（图5-37）即可确诊。

防治

在管理上，要保持猪舍清洁卫生，
定期消毒。在治疗上，可在饲料中添

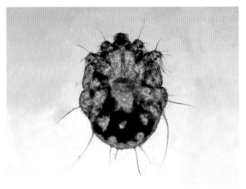

图5-37　疥螨

加阿维菌素或伊维菌素预混剂，治疗5～7天。在外用上，可用溴氰菊酯水溶液
（1000升水加原液200～300毫升）或2%敌百虫水溶液或辛硫磷溶液（按说明
书使用）等药物进行外喷，每周2次，连用2～3次。此外，严重时可肌内注射1%
多拉菌素或1%阿维菌素、伊维菌素注射液（按说明书使用），均有较好的效果。
本病在猪场是常见病和多发病，不易根除，平时除加强饲养管理外，还要做到定
期驱虫（一般每年4次）。

（七）皮肤长痘的病因

猪皮肤长痘的病因有猪皮炎－肾病综合征、猪痘、猪赭曲霉毒素中毒、猪口
蹄疫、猪水疱病、湿疹等疾病，以及蚊虫叮咬等。这里着重介绍前5种疾病。

1. 猪皮炎－肾病综合征

流行特点和症状

本病是由猪圆环病毒2型引起猪肾脏和皮肤病变的一种传染病。本病主要发
生在保育猪和生长育肥猪上。病猪主要表现为皮肤上（如耳朵、腹部两侧、臀部）
出现一些散在的斑点状小丘疹（图5-38、图5-39）。这些小丘疹刚开始时为红
色凸起，随后逐渐变为黑色，也会出现一些瘙痒表现。一栏中只有部分猪发病。

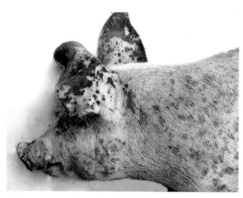

图 5-38　耳朵皮肤出现斑点状小丘疹　　图 5-39　全身皮肤出现小丘疹

病猪采食量基本正常。多数经 10 ～ 20 天可自愈，但对生长发育有一定影响，个别严重的病例病猪会出现发热、跛行、厌食等并发症。本病发病率高，但死亡率较低。

病理变化

病猪的腹股沟淋巴结和肠系膜淋巴结肿大明显、切面多汁、色泽较白（图 5-40）。肾脏肿大、苍白，表面有坏死白斑（图 5-41）。肺脏病变呈多样性，有的肺脏质地变硬，有不同程度的间质性肺炎，有些肺脏无明显病变。其他器官无明显病变。

图 5-40　腹股沟淋巴结肿大　　　　图 5-41　肾脏表面出现坏死白斑

诊断

本病的诊断参照 "二 /(一)/2. 猪圆环病毒病"。

防治

在预防上，要加强饲养管理，降低饲养密度，搞好环境卫生，特别是要防止猪舍内空气湿度太高，防止饲喂霉变饲料，尽量减少各种环境不良应激。提倡自繁自养和"全进全出"的饲养模式，有条件的猪场要逐渐净化本病。对已发生本病的猪场可在饲料中添加黄芪多糖（每1000千克饲料加150克）及广谱抗生素，对控制本病有一定效果。对个别严重病猪，也可肌内注射黄芪多糖注射液及阿莫西林和地塞米松注射液，有一定的效果。据报道，每天每只猪内服0.08～0.12克的盐酸苯海拉明治疗本病，连用3～5天，有一定治疗效果。此外，用含过硫酸氢钾的消毒粉按比例稀释后喷洒皮肤，也有一定效果。

2. 猪痘

流行特点和症状

本病是由猪痘病毒引起的一种猪急性热性接触性传染病。本病多发于4～6周龄内仔猪及保育小猪。在猪舍潮湿、卫生条件差、阴雨天气时易发，与蚊、蝇、虱子等叮咬传染有关。病猪主要表现为体温升高，食欲不振，眼结膜潮红。在鼻镜、眼眶、下腹、股内侧等皮肤上有许多红斑，2～3天后出现水疱、脓疱，其病灶表面呈脐状突出于皮肤表面，最后变成棕黄色结痂（图5-42、图5-43）。发病率可达30%～50%，个别可并发细菌感染而死亡，死亡率较低（1%～3%）。

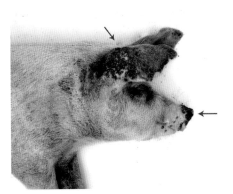

图5-42　耳朵和鼻盘上的结痂

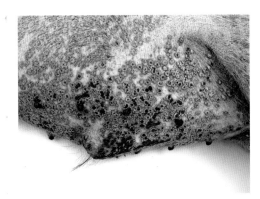

图5-43　腹下皮肤上的结痂

病理变化

除了皮肤出现红斑、水疱、结痂等炎症反应外，内脏器官无明显病变。

诊断

根据临床症状和病变可做出初步诊断。必要时可取病变的皮肤组织进行组织学检查，在细胞的胞浆内发现病毒包涵体可确诊。此外，也可通过聚合酶链式反应试验予以确诊。

防治

平时要做好饲养管理和清洁卫生工作，及时灭蚊、灭蝇、灭虱，切断本病的传播途径。发病时对病猪进行隔离、消毒和对症治疗，局部皮肤可用甲紫溶液或硫酸庆大霉素涂抹。有全身发热症状的病猪可肌内注射青霉素、安乃近、地塞米松进行对症治疗。病猪康复后可获得坚强免疫。

3．猪赭曲霉毒素中毒

流行特点和症状

本毒素存在于霉变的玉米、高粱、麦类等谷物及其副产品中，有 A、B、C、D 四种类型毒素，其中毒素 A 的毒力最强，属于嗜肾脏毒。病猪主要表现为多尿，尿中带血，体重减轻。有些病猪的皮肤（臀部、腹部两侧多见）出现许多红色小痘点（图5-44）。病猪采食量变化不大。个别严重时死亡。

图 5-44　臀部皮肤出现红色小痘点

病理变化

肾脏肿大明显，苍白，并呈纤维化。有时肝脏也有肿大、坏死病变。有的病猪在皮下、肠系膜、肾脏周围组织出现水肿现象。有的在胸腔和腹腔还有积液现象。

诊断

根据病史、临床症状和病变可做出初步诊断。必要时可通过对饲料中的赭曲霉毒素进行测定而确诊。

防治

预防上要禁止饲喂霉变饲料。发生本病后要立即停喂霉变饲料并更换新鲜饲料，给予充足饮水，并在饲料中添加霉菌吸附剂。同时配合对症治疗，如可使用一些利尿药物、尿道消炎药物，静脉注射葡萄糖生理盐水等。

4．猪口蹄疫

流行特点和症状

本病一年四季均可发生，但以每年的冬春季节多发，环境潮湿有利于本病的发生。本病的传播速度极快（1～2天传遍全栏）。病猪体温升高，突然间站立不稳，喜躺卧或卧地不起（图5-45），不吃料。在病猪的鼻盘、齿龈、舌头上可见到水疱或溃烂斑（图5-46、图5-47）。在四肢蹄部、蹄冠、蹄叉出现水疱和溃烂斑（图5-48），严重时可见蹄壳脱落形成肉蹄（图5-49）。在母猪的乳头皮肤上也会长水疱，破溃后形成溃烂斑。母猪感染本病病原后会流产、产死胎。仔猪和断奶小猪及瘦肉型中大猪感染本病病原后，易发生急性心肌炎、心肌坏死而突然死亡，特别是在注射、打架等不良应激下更易死亡。其中哺乳仔猪可见整窝死亡（图5-50），外三元杂交猪死亡率要高于内三元或二元杂交猪。病程可持续15～25天。

图5-45　卧地不起

图5-46　鼻盘出现水疱

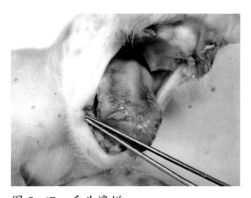

图5-47　舌头溃烂

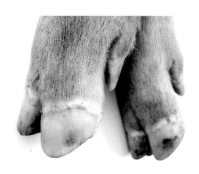

图5-48　蹄冠出现溃烂斑

图 5-49　蹄壳脱落形成肉蹄

图 5-50　仔猪整窝死亡

病理变化

在口腔、鼻端、乳房、蹄部皮肤出现水疱和溃烂斑。死亡猪的心肌有黄白色或淡黄色坏死条纹（图 5-51），并与正常心肌形成红白相间的"虎斑心"。腹腔表面可见丝状的纤维素性渗出物（图 5-52）。

图 5-51　心肌出现黄白色坏死条纹

图 5-52　腹腔表面出现丝状纤维素性渗出物

诊断

根据本病的临床症状、病变可做出初步诊断。必要时可取水疱液和水疱皮送有关部门检验而确诊。在临床上要注意与猪水疱病、猪痘等进行鉴别诊断。

预防

本病的预防，一方面要注意猪场的生物安全，加强消毒和隔离工作，另一方面是要做好疫苗免疫，各猪场必须把本病的免疫列入常规免疫程序中。其中，种公猪和母猪每年免疫 O 型或 O-A 型口蹄疫灭活疫苗 3～4 次，每次间隔 3～4 个月，每次 3～4 毫升；仔猪 30～40 日龄首免 1～1.5 毫升，50～60 日龄二免 1.5～2

毫升，在冬春寒冷季节还要对 80 ～ 90 日龄仔猪再免疫 2 毫升。总体要求猪口蹄疫免疫抗体保护率要达 70% 以上。猪口蹄疫有众多的血清型，选用疫苗时要使用涵盖多种血清型的多价口蹄疫疫苗。

处理

按照我国政府规定，猪场发生口蹄疫时，应立即向当地有关部门报告疫情，并采取严格的消毒、隔离、封锁措施，严防病原扩散。对病死猪及其排泄物要按规定进行深埋或焚烧处理。消毒应选用含碘、氯的消毒剂，每天消毒 1 ～ 2 次。

5. 猪水疱病

流行特点和症状

本病是由猪水疱病病毒引起的一种猪接触性传染病。各种日龄、品种猪均可发病，一年四季均可发病；在环境潮湿、饲养密度大、卫生条件差的猪舍更易发病。发病率可高达 70% ～ 80%，但死亡率低。病猪主要表现为蹄部、口腔、鼻盘、母猪乳房等部位皮肤均出现水疱及溃烂斑（图 5-53），轻度的病例仅在蹄部出现几个水疱。

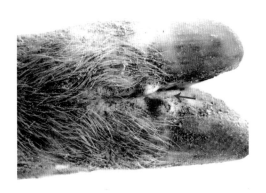

图 5-53　蹄部皮肤出现水疱及溃烂斑

病理变化

除了口腔、蹄、母猪乳房等部位皮肤出现水疱和炎症外，内脏器官无明显的病变。

诊断

取水疱液和水疱皮送有关部门进行病毒分离、鉴定。在临床上要注意与猪口蹄疫鉴别诊断。

防治

无本病存在的非疫区，要禁止从疫区调猪苗和猪肉产品。要尽量做到自繁自养。在疫区或受威胁地方，可使用相应疫苗进行免疫接种。对发病猪加强护理，对症治疗，防止继发感染，大多数可自愈。

（八）其他皮肤症状疾病

1．猪葡萄球菌病

流行特点和症状

本病是由葡萄球菌引起的一种猪细菌性皮肤病，又称猪渗出性皮炎、猪油皮病或猪脂溢性皮炎。发病原因除了与葡萄球菌感染、皮肤受伤有关外，还与猪场饲养管理不良有关。本病主要发生在仔猪，断奶后小猪也有零星发生，中大猪则很少见。仔猪先从口角、头部开始出现皮炎症状（图5-54），几天后迅速蔓延到全身皮肤。皮肤先出现红斑，继而发展为小脓疱（图5-55）。这些脓疱破裂后流出脂性渗出物，再黏附粉尘、皮垢等污物后形成一层厚厚的痂皮，易剥离（图5-56、图5-57）。病猪体表散发一股恶臭气味，还表现为食欲减少、消瘦，

图5-54　仔猪口角及头部皮肤出现皮炎症状

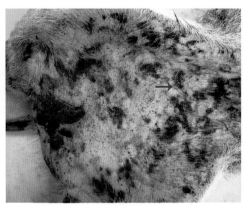

图5-55　皮下出现黄色小脓疱

图5-56　全身皮肤结痂发黑

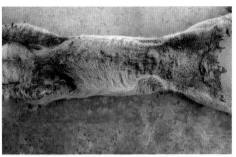

图5-57　腹下痂皮脱落

后期可并发拉稀症状，最后衰竭死亡。同窝内仔猪传染性较强，一旦出现明显的皮肤病变往往预后不良，死亡率高。仔猪断奶或隔离后可控制病情发展，轻度病例病猪经治疗可逐渐恢复正常（图5-58）。

图 5-58　轻度病例病猪外表症状

病理变化

本病主要以脂溢性皮炎为主，严重时可见皮肤上有大面积化脓灶。内脏器官无明显病变，有时可见肠炎及个别器官化脓性病灶。

诊断

根据流行病学、临床症状可做出初步诊断。必要时可对病变皮肤进行细菌分离培养，检出葡萄球菌即可确诊（图5-59）。

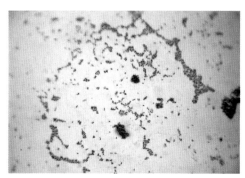

图 5-59　分离培养的葡萄球菌

防治

在饲养管理上要控制好分娩舍的空气湿度和温度，不能太潮湿，否则有利于葡萄球菌的繁殖。仔猪断奶后要对分娩舍、定位栏进行彻底消毒。尽量避免仔猪之间打架或仔猪被坚硬异物刺破皮肤而造成葡萄球菌的感染。母猪的营养要均衡，特别要保证维生素A、维生素B及锌等营养的供应。发病时要及时隔离淘汰，一窝仔猪中刚出现1～2只病猪时就要及时进行隔离治疗，接近断奶时间时可考虑对哺乳仔猪提早断奶。用药治疗往往效果不好。一般来说，可选择头孢噻呋钠、阿莫西林、青霉素、硫酸阿米卡星、硫酸庆大霉素、盐酸林可霉素等药物再结合地塞米松，对轻度病例病猪进行治疗，有一定效果。皮肤病变严重时，要配合使用过硫酸氢钾消毒剂或碘消毒剂，按一定比例稀释后进行喷洒或药浴，有一定效果。

2．猪真菌性皮肤病

流行特点和症状

本病是由念珠菌目念珠菌科的各种小孢子菌和毛癣菌感染引起的一种猪皮肤

病，有钱癣和蔷薇糠疹等。本病在猪场多为散发，各种日龄猪均可发病。在临床上常见在背部、腹部、臀部皮肤上出现圆形或不规则图形的病灶，这些病灶会向周围不断扩大而中央区逐渐痊愈（图5-60、图5-61）。病猪也可见到轻度的瘙痒表现。对吃料、生长性能无明显的影响。

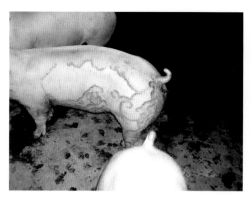

图5-60　腹壁两侧皮肤出现不规则图形的皮炎　　图5-61　臀部皮肤出现不规则图形的皮炎

病理变化

除了皮肤出现红斑等炎症反应外，内脏器官无明显的病变。

诊断

从临床症状基本上可做出初步诊断，必要时可刮取病变组织进行真菌培养从而确诊。

防治

在临床上可内服制霉菌素或灰黄霉素进行治疗。局部可用含有克霉唑的药膏进行涂擦，有一定效果。

3. 猪单端孢霉烯族毒素中毒

流行特点和症状

本病是由镰刀菌、木霉菌、漆斑菌、葡萄穗霉菌等产生的T-2毒素、HT-2毒素、呕吐毒素等导致的猪病害的总称，又称猪新月毒素群中毒。这些毒素常见于玉米、高粱和麦类等谷物及副产品中，主要危害动物的肝脏、肾脏、消化道，且毒素中含有组织刺激因子和皮肤致炎物质，会损伤动物的消化道黏膜和皮肤。各日龄猪均可发生，其中以仔猪和小猪多见。一年四季中以春季多见。病猪主要表现为鼻、唇、口腔周围皮肤溃烂、出血、结痂（图5-62），继而腹下皮肤出现脱皮症状（图5-63）。同时，病猪有拒食、呕吐、腹泻等症状。此外，还表现为体重逐渐下降、饲料利用率逐渐降低等。

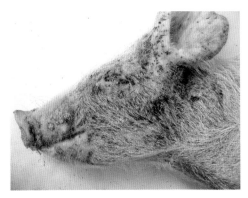

图5-62　头部皮肤出现结痂

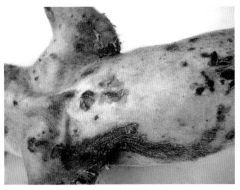

图5-63　腹下皮肤出现脱皮症状

病理变化

消化道黏膜水肿、出血，有时黏膜上可见霉菌灶或坏死灶（图5-64）。肝脏脂肪变性，心内膜出血，胰腺水肿，皮肤炎症坏死等。

诊断

根据病史、临床症状、病变可做出初步诊断。必要时对饲料进行相应的霉菌毒素检测而确诊。

图5-64　胃黏膜水肿、出血，黏膜上可见霉菌灶

防治

详见"二/（四）/5.猪烟曲霉毒素中毒"。

4．猪锌缺乏症

流行特点和症状

病猪生长发育缓慢，体况消瘦，食欲减退，消化不良。皮肤出现角质化现象，初期皮肤出现出血斑、丘疹，以后病斑互相融合，外被鳞屑。中后期皮肤出现粗糙、皱缩、硬结和龟裂现象（图5-65）。
被毛无光泽，常脱毛。骨骼发育异常，
有的猪蹄壳变形和开裂。公猪的性欲
减退，睾丸萎缩。母猪的受胎率、产
仔性能均受到影响。

图 5-65　皮肤出现粗糙、皱缩现象

病理变化

除了皮肤增厚、变硬外无其他特
征性病变。

诊断

根据临床症状、病变可做出初步诊断。必要时可抽血化验血清中锌浓度及饲
料中锌含量予以确诊。

防治

在饲料中添加适量硫酸锌或碳酸锌，连用 3 ~ 5 周，可使皮肤逐渐恢复正常。
此外，也可肌内注射碳酸锌或皮肤外涂 10% 的氧化锌软膏，也有一定效果。

5．猪疝气病

流行特点和症状

常见的猪疝气有脐疝（长在脐部，图5-66）、腹股沟阴囊疝（长在会阴部，
图5-67）和腹壁疝（长在腹壁上，图5-68）。这些猪疝气在刚开始时可以恢复（称
可恢复性疝气）；若没有及时治疗，时间久后可导致肠粘连并形成嵌闭性疝气，
往往预后不良。

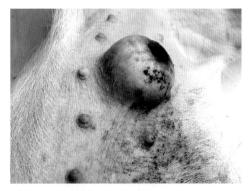

图 5-66　脐疝

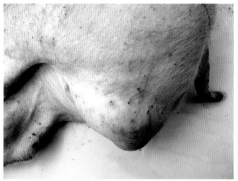

图 5-67　腹股沟阴囊疝

治疗

在早期可采取保守疗法（将内容物还纳腹腔后，局部用绷带压迫，控制采食量，一段时间后可逐渐恢复）。若疝孔大，时间长久，多采用手术疗法，即将疝气内容物还回腹腔，并用粗缝合线缝合疝孔。在手术过程中要注意保定、空腹、粘连剥离、消炎、止血等手术细节问题。

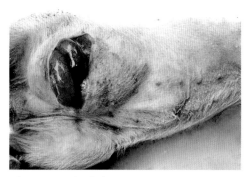

图 5-68　腹壁疝

6．猪坏死杆菌病

流行特点和症状

本病是由坏死杆菌感染猪破损的皮肤、黏膜，造成猪皮肤、黏膜发生炎症坏死的一种传染病。本病多见于仔猪和育成猪。病猪皮肤先出现小丘疹，进而形成干痂。痂皮下深部组织迅速坏死，形成溃烂面。若继发感染或炎症转移到其他器官，可形成关节囊肿或内脏器官的局灶性坏死，严重时可导致死亡。

病理变化

头部、颈部、肩、臂、胸腹侧皮肤出现不同程度的坏死灶，有时也可见于耳根、尾部、乳房和四肢等处皮肤（图 5-69、图 5-70），有时在内脏器官也可见到坏死灶。

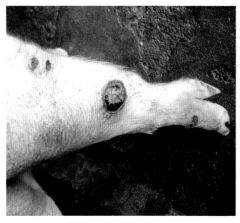

图 5-69　脚部皮肤出现坏死灶（一）

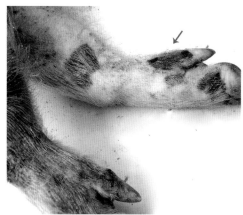

图 5-70　脚部皮肤出现坏死灶（二）

诊断

从临床症状和病变可做出初步诊断。必要时在坏死灶周边的病健交界处取样进行细菌的镜检和分离培养，检出革兰阴性、长丝状的坏死杆菌即可确诊。

防治

加强饲养管理，保持猪舍内良好的卫生状况，保证饲料中的维生素 A、维生素 E 等含量可满足猪的营养需求，尽量避免和防止皮肤、黏膜的损伤。如果皮肤发生意外损伤要及时涂擦碘酊消毒。发生本病时一方面要处理伤口（用过氧化氢溶液冲洗）并做消炎处理，另一方面要肌内注射广谱抗生素，以控制全身并发症。

六、生殖系统症状疾病

（一）病毒性病因

造成母猪出现流产、死产、产木乃伊胎、产弱仔胎、不发情、屡配不上等繁殖障碍的病毒性病因有猪伪狂犬病、猪繁殖与呼吸综合征、非典型性猪瘟、猪圆环病毒病、猪细小病毒病、猪流行性乙型脑炎、猪肠道病毒病及非典型性猪瘟等。

1. 猪伪狂犬病

猪伪狂犬病可导致母猪流产、产死胎等，详见"一/（一）/2.猪伪狂犬病"。

2. 猪繁殖与呼吸综合征

猪繁殖与呼吸综合征可导致母猪流产、产死胎等，详见"二/（一）/1.猪繁殖与呼吸综合征"。

3. 非典型性猪瘟

非典型性猪瘟可导致母猪流产、产死胎等，详见"一/（一）/1.非典型性猪瘟"。

4. 猪圆环病毒病

猪圆环病毒病可导致母猪流产、产死胎等，详见"二/（一）/2.猪圆环病毒病"。

5. 猪细小病毒病

流行特点和症状

本病多见于第一胎初产母猪。集约化饲养的母猪场的发病率要比散养户来得高。病猪主要表现为流产、死产、产木乃伊胎和产弱仔胎。其中，妊娠早期（10～30

天）感染的母猪，会出现返情、屡配不上或窝产仔数少等现象；妊娠30～50天感染的母猪，分娩出的胎儿大部分为木乃伊胎，怀孕母猪的腹围逐渐缩小；妊娠50～60天感染的母猪分娩出的胎儿大部分为黑色死胎；妊娠后期感染的母猪主要表现为流产或产弱仔胎。多数母猪无明显的临床症状，少数有体温升高、后躯不灵活等症状。

病理变化

母猪子宫有轻度炎症，胎盘不完全钙化（图6-1），产出胎儿的大小不均匀。有的胎儿死亡早，往往被溶解吸收；有的胎儿充血、水肿，或产出大小不等的木乃伊胎（图6-2）。

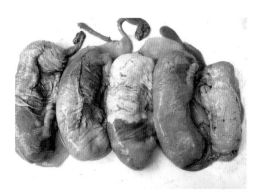

图6-1　胎盘不完全钙化

图6-2　产出大小不等的木乃伊胎

诊断

以初产母猪为多见，在临床上母猪没有明显症状，但有一定传染性，产出大小不同的死胎或木乃伊胎等，依此可做出初步诊断。必要时取木乃伊胎和母猪血液进行进一步的病毒分离、聚合酶链式反应试验、免疫荧光抗体切片及血凝抑制试验而确诊。

防治

初产母猪在配种前2个月开始注射2次猪细小病毒病灭活疫苗，使母猪产生足够的抗体，以保护胎儿在早期、中期、后期不被感染。也可以把经产的老母猪与青年后备母猪混养，或用一定量的老母猪粪便污染后备青年母猪，均有一定的预防效果。本病无有效的治疗方法和药物，受到感染的母猪康复后可以产生较高水平的抗体，往往可起到终身保护作用。一般来说，母猪到了第二胎以后，本病的发病率会低很多。

6. 猪流行性乙型脑炎

流行特点和症状

本病又称猪乙型脑炎，是由日本乙型脑炎病毒引起的一种人畜共患病，本病需蚊子作为媒介才能传染。各种日龄猪均可发病，其中对公猪母猪危害较大。每年的 5 ~ 10 月是本病发生高峰季节。母猪感染后一般无明显临床症状，有时出现发烧、拒食症状，一段时间后流产，或正常分娩但分娩出的胎儿有死胎、木乃伊胎及弱仔胎（图 6-3）。公猪常发生睾丸炎，多为单侧性（图 6-4），少数为双侧性的。初期肿胀明显，有热痛感表现，炎症消退后睾丸逐渐萎缩变硬，性欲减退，精液品质下降。小猪和中大猪也会感染发病，个别猪有脑神经症状。

图 6-3　产出木乃伊胎

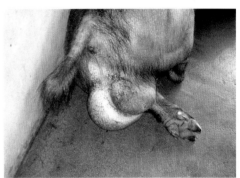

图 6-4　公猪睾丸发炎（单侧性）

病理变化

母猪出现子宫内膜炎，即子宫黏膜充血、出血、水肿及溃烂。胎儿脑部水肿，皮下和腹腔也出现水肿现象（图 6-5），内脏实质性器官出现散在的坏死灶和出血点，脑部也出现散在的出血点。公猪的睾丸出现睾丸炎病变（先有炎症后出现萎缩、硬化和粘连等病变）。小猪和中大猪出现脑膜充血、出血病变。

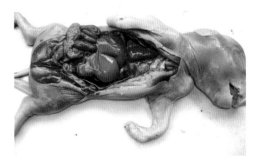

图 6-5　流产胎儿皮下和腹腔出现水肿现象

诊断

根据本病具有明显的季节性、公猪和母猪会同时出现繁殖障碍等表现可做出初步诊断。必要时进行病毒分离、聚合酶链式反应试验、免疫荧光抗体切片、血凝抑制试验等方法而确诊。

防治

在管理上要做好猪场环境卫生和灭蚊工作，切断传播途径。同时要做好猪流行性乙型脑炎的疫苗免疫，目前使用的疫苗有2种，即活疫苗和灭活疫苗，其中活疫苗较常用。一般在每年的4～5月，对猪场所有的种猪及保育猪和架子猪接种1次猪乙型脑炎活疫苗。本病无治疗药物，一旦种猪感染本病病原最好淘汰处理，同时要做好胎儿、胎盘及分泌物等无害化处理和消毒工作。

7. 猪肠道病毒病

流行特点和症状

本病主要发生于外购的新母猪。病猪主要表现为母猪发情迟缓、流产、产木乃伊胎及少数弱仔（与猪细小病毒病症状很相似，图6-6）。

病理变化

产大小不等的木乃伊胎，有的死亡胎儿皮下和肠系膜水肿，体腔积水，脑膜和肾脏皮质出血。

图6-6　产木乃伊胎

诊断

取流产胎儿病变组织做细胞培养或聚合酶链式反应试验，进行病毒分离鉴定。在临床上要与猪细小病毒病鉴别诊断。

防治

初购母猪在配种之前可用老母猪的粪便进行人工接种，使其产生免疫力，也可以让它与老母猪混养一段时间后再配种。本病无特效药，到第二胎后就很少发生本病。

（二）细菌性病因

导致种猪产生繁殖障碍的细菌性病因有猪布氏杆菌病、钩端螺旋体病、衣原体病、胎儿弯曲杆菌病、李氏杆菌病及沙门菌病等。此外，母猪乳房炎也是一个重要的繁殖产科病。这里着重介绍猪布氏杆菌病、衣原体病、母猪乳房炎。

1. 猪布氏杆菌病

流行特点和症状

本病是由布氏杆菌引起的一种人畜共患传染病。本病可经消化道、生殖道、损伤皮肤和黏膜传染。种猪均易感，而育肥猪对本病有一定的耐受性。母猪常在怀孕后4～12周流产（图6-7）。流产前精神食欲不振，并有短暂的发热，经8～10天往往可自愈。流产后母猪易出现子宫内膜炎和屡配不孕现象。公猪表现两侧睾丸炎和附睾丸炎，睾丸肿胀明显。有的猪还出现关节炎和关节肿大现象。

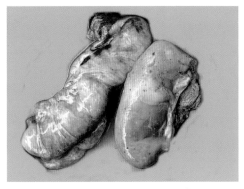

图6-7　怀孕中期出现流产现象

病理变化

母猪有子宫内膜炎、输卵管炎病变，子宫黏膜出现许多粟粒大小的脓肿，有时在肝脏、脾脏、肾脏等脏器也有一些结节病变。公猪的睾丸和附睾也有小脓肿，关节也有化脓性炎症。流产的胎儿无特殊病变。

诊断

采血进行布氏杆菌的虎红平板凝集试验而确诊。

防治

从外地购种猪时必须抽血进行布氏杆菌化验，严禁本病的传入。对自繁自养猪场，若发现母猪有流产、公猪睾丸肿大现象时要及时进行化验。若检出阳性猪，要立即采取隔离、淘汰和消毒等措施。在操作过程中一定要做好个人防护工作，以免本病传染到人。

2．猪衣原体病

流行特点和症状

本病是由鹦鹉热衣原体引起的一种人、畜、禽类共患传染病，又称猪鹦鹉热或鸟疫。本病常呈地方流行性，多数猪场都有本病病原的隐性感染。当猪场的饲养密度过高、卫生条件差、通风不良，猪营养不良或感染其他疾病病原时，均可诱发本病。病猪主要表现为母猪食欲不振并出现流产、产死胎和弱仔胎现象，流产胎儿的头部、腹下皮肤有出血斑（图6-8）；公猪则出现尿道炎、龟头包皮炎、睾丸炎及

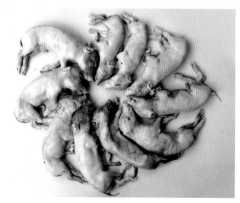

图6-8　流产胎儿的头部和腹下皮肤有出血斑

附睾炎等；仔猪、保育猪和架子猪则有肺炎、结膜炎、腹泻、多发性关节炎等多种症状。

病理变化

不同的猪衣原体病症有不同的病变，如流产型以母猪胎盘炎症和胎儿皮肤出血为主；肺炎型以呼吸道黏膜卡他性炎症为主；结膜炎型以结膜充血、水肿为主；肠炎型则以卡他性胃肠炎为主。

诊断

采血进行猪衣原体的血清学检查而确诊。

防治

在预防上应避免健康猪与感染猪，其他哺乳动物、鸟类粪便直接接触，定期使用四环素类药物进行保健预防，并加强猪舍内卫生消毒工作。发病时选用四环素类药物（如盐酸四环素、土霉素、盐酸多西环素等）进行拌料或饮水治疗，个别严重的可肌内注射土霉素进行治疗。

3. 母猪乳房炎

乳房炎是母猪的常见病和多发病，导致母猪乳房炎的病因有几个方面：第

一，母猪场卫生条件差，分娩前产床和乳房消毒没有做好，造成母猪乳房细菌感染。第二，母猪在产前或产后出现一些全身性感染疾病（如感冒、母猪子宫炎、猪链球菌病），也会导致母猪乳房出现局部发炎。第三，仔猪吮乳过程咬伤母猪乳房，或母猪定位床上尖锐物刺伤母猪乳房，造成母猪乳房炎。

流行特点和症状

母猪拒绝哺乳，常伏地而躺，不让仔猪吸乳。有时母猪还会咬仔猪。仔猪则围着母猪发出阵阵叫奶声，母猪的1个或数个乳房或乳头肿胀、潮红，触之有热痛感表现（图6-9、图6-10）。严重时可发展为乳房脓肿（图6-11），或溃疡，此时母猪往往有体温升高、食欲不振、精神委顿现象，并且伴有子宫内膜炎症状。

图6-9　母猪乳头红肿

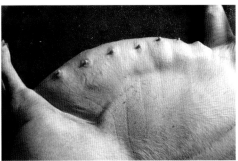

图6-10　母猪乳房肿大变硬

诊断

在临床上判断母猪乳房炎的标准是母猪乳房出现红肿热痛症状。至于是哪一种病原引起的乳房炎，有赖于对乳汁进行病原分离、培养鉴定。

防治

平时要加强饲养管理，特别要加强母猪分娩舍的卫生消毒工作和接产工作，同时也要做好母猪阴户和乳房的消毒工作。在夏天分娩的母猪，要

图6-11　乳房脓肿

防止因母猪子宫内膜炎等产道感染而导致乳房炎。当母猪奶水偏少时，要及时采取措施（如仔猪寄养、加强母猪营养水平、注射缩宫素，或采取其他方式催奶），

防止仔猪过度吸奶而咬伤母猪乳房，造成乳房损伤发炎。当发生乳房炎时要及时采用热敷方法或用鱼石脂软膏进行涂擦，同时肌内注射恩诺沙星或甲磺酸培氟沙星或阿莫西林进行全身抗感染治疗；当母猪出现发热、拒食等症状时，还要结合静脉注射广谱抗生素（如阿莫西林等）进行治疗；发生脓肿时，要采用手术切开排脓治疗方法；发生坏疽时，要做切除处理。

（三）寄生虫性病因

猪弓形虫病

猪弓形虫病可导致母猪繁殖障碍，详见"四/(三)/猪弓形虫病"。

（四）营养性病因

导致母猪繁殖障碍的营养性病因也很多，其中常见的有常量元素缺乏、微量元素缺乏、脂溶性维生素缺乏、水溶性维生素缺乏等病因。对于营养性病因引起的母猪繁殖障碍，其防治方法是加强管理，补充缺乏的营养。

1. 常量元素缺乏

首先是钙、磷元素缺乏。一般情况下猪饲料中钙与磷的比例为 2∶1，若供给不足，会导致母猪生殖功能降低。其次为钠、氯元素缺乏，猪饲料中正常食盐添加量为 0.3% ~ 0.5%，若缺乏将会导致猪食欲减退，饲料利用率降低，从而影响母猪的生产性能和泌乳性能。

2. 微量元素缺乏

锌元素缺乏导致公猪睾丸发育受阻，初产母猪产仔数少且仔猪小；锰元素缺乏导致母猪发情异常或不发情，胎儿被吸收，初生仔猪弱小，母猪泌乳量减少；碘元素缺乏导致母猪甲状腺肿大，基础代谢下降，生产缓慢，骨骼短小，生殖器官发育受阻，胎儿易死亡或被吸收，有的产下无毛猪；硒元素缺乏可导致母猪不发情，产仔数偏少，免疫力差，泌乳量减少等。

3. 脂溶性维生素缺乏

维生素 A 缺乏时猪增重减慢，饲料转化率低，运动失调，后肢瘫痪，失明，发情率低，受精率低，怀孕母猪出现流产、死胎等繁殖性能障碍；维生素 D 缺乏会导致猪钙、磷吸收和代谢紊乱，骨质钙化不足，幼猪患佝偻病，成年猪患骨软化症，种猪出现繁殖功能障碍等；维生素 E 缺乏会使猪运动功能障碍，种猪睾丸生殖上皮变性，母猪的胎盘受损，胚胎易死亡或被吸收，初产仔猪弱小等。

4. 水溶性维生素缺乏

维生素 B_2 缺乏会使母猪食欲减退，不发情，早产，胚胎死亡或被吸收等；维生素 B_3 缺乏会导致母猪配种后出现假妊娠现象或不怀胎、死胎等繁殖障碍；维生素 B_{12} 缺乏会导致母猪流产，胚胎异常和产仔率低等；叶酸缺乏会导致母猪繁殖和泌乳功能紊乱；胆碱缺乏会使母猪繁殖性能和泌乳性能下降，仔猪成活率低、断乳时仔猪体重偏小等。

（五）管理性病因

导致种猪发生繁殖障碍的管理性原因很多，如母猪跌倒、厮咬、受惊吓、机械损伤、怀孕后再配种、滥用药、注射应激、环境热应激等。其中，以热应激影响最大。母猪不孕症与猪场饲养管理不良有很大关系。

1. 热应激

流行特点和症状

环境热应激对公猪和母猪的影响都很大。对公猪来说，最合适温度为 15 ～ 20℃，夏秋季节环境温度应控制在 25 ～ 28℃。环境温度过高会使睾丸产生的精子数偏少，畸形精子数量增加，活力下降，性欲也降低，从而大大地影响了受胎率。对母猪来说，环境温度过高产生的热应激影响是多方面的：第一，热应激对母猪的泌乳性能影响很大，从而进一步影响到仔猪的生长性能和断奶体重。第二，热应激对母猪的胎儿着床影响也很大，从而降低了受胎率。第三，热应激对怀孕母猪的影响也很大，易导致母猪高热、不吃料、粪干，病情严重的可导致流产和死胎。第四，热应激可提高母猪子宫内膜炎、乳房炎的发病率，从而影响母猪的繁殖性能和泌乳性能。

病理变化

在临床上以母猪子宫内膜炎和乳房炎较明显，其他内脏器官无明显的病变。

热应激导致死亡的母猪可见肌肉苍白病变。

防治

针对夏秋季节的热应激问题，可以采用如下措施进行防范：第一，降低环境温度，做好防暑降温工作。如可在公猪舍安装空调器，在母猪舍房顶喷水，也可以采用水帘降温、猪舍内装电风扇降温等措施。第二，提高日粮营养浓度，降低纤维含量，补充蛋白质和氨基酸。第三，热应激易导致大量电解质流失，所以应在日粮或饮水中添加氯化钾或碳酸氢钾，以缓解热应激。第四，提高在饲料中维生素 A、维生素 C 和维生素 E 含量，以提高种猪的抗应激能力。第五，要保证种猪饮水的充足供应，并保证饲料的新鲜等。

2. 母猪不孕症

造成母猪不孕症的原因有很多，有的是公猪精液质量问题，有的是母猪出现生殖道的器质性病变或功能性紊乱，有的是人为操作不当引起的（如配种时间不准确）。这里着重介绍后备母猪乏情、经产母猪乏情及母猪子宫内膜炎。

（1）后备母猪乏情

流行特点和症状

多数后备母猪饲养到 7～8 月龄时就会正常发情。若母猪饲养到 8 个月龄以上仍未见发情，均属于后备母猪乏情。

造成后备母猪乏情的原因也很多，如：营养缺乏（如饲料中缺乏维生素 A、硒等）、管理不当（如母猪太肥或太瘦）、季节热应激、母猪患有某些疾病（如卵巢发育不良、持久黄体）等。

防治

针对这几种情况，可以采取一些相对应的措施来治疗：第一，公猪和母猪混养一段时间，通过异性刺激诱导发情。第二，对太胖或太瘦母猪进行相应的处理措施。太胖的母猪要增加运动量，采取饥饿催情；太瘦的母猪要加强营养，特别是补足维生素 A、维生素 E 及亚硒酸钠等营养物质。第三，采用药物治疗。可采用注射 PG600 催情，也可以用氯前列烯醇、孕马血清及绒毛膜促性腺激素配合使用进行催情；对卵巢、子宫发育不良的母猪也可注射三合激素进行催情，促进卵巢和子宫的发育。这些方法均有一定效果，若处理无效果，则要淘汰处理。

（2）经产母猪乏情

流行特点和症状

一般情况下，仔猪断奶后 3～5 天母猪即有发情表现。若超过 8～9 天仍未见发情，那么就属于经产母猪乏情。

导致本病发生的原因，首先是母猪饲养管理不良，导致母猪哺乳期间营养不平衡，采食量不足。过分失重和消瘦往往是导致经产母猪不发情或发情推后的主要原因（图 6-12）。其次是母猪患某些产科疾病（如卵巢萎缩、卵巢硬化、持久黄体、卵巢囊肿、母猪子宫内膜炎、子宫囊肿），这也是导致经产母猪不发育或发情不正常的重要原因。

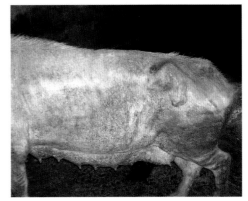

图 6-12　母猪失重和消瘦导致乏情

防治

对于营养缺乏、体况消瘦的母猪关键要加强饲养管理，补充必要的营养物质（如维生素 A、维生素 D_3、维生素 E 等）、提早断奶，以预防本病。此外，也可以用 PG600 进行人工催情。对于卵巢萎缩和硬化的母猪（主要见于年龄偏大母猪），可采用注射促性腺激素释放激素及其类似物（如促排 2 号或促排 3 号）进行催情。严重的要做淘汰处理。对于持久黄体的母猪（母猪长时间不发情，与子宫内有炎症、积脓、异物或干尸化等均有关），可用肌内注射前列腺素或氯前列烯醇进行催情，同时还要进一步做好子宫内膜炎治疗工作。对于卵巢囊肿的母猪（主要表现发情不正常或频繁连续发情），要用促黄体生成素或绒毛膜促性腺激素或黄体酮进行注射治疗。

（3）母猪子宫内膜炎

流行特点和症状

在临床上可将母猪子宫内膜炎分为急性、慢性和隐性 3 种类型。其中，母猪急性子宫内膜炎多发生于产后或流产后，病母猪表现为体温升高到 41℃以上，不吃料，阴道内排出粉红色或黄白色脓性分泌物；此外，还影响乳房，造成母猪没有奶水，甚至导致乳房炎。母猪慢性子宫内膜炎多由母猪急性子宫内膜炎转化而来，全身症状不明显，但可见周期性地从阴道内排出少量黄白色脓性分泌物（图6-13），尤其在母猪卧地或发情时流出量较多，母猪发情不太正常，屡配不孕，有的怀孕后易发生早期流产现象。母猪隐性子宫内膜炎是指子宫形态上无异常，发情周

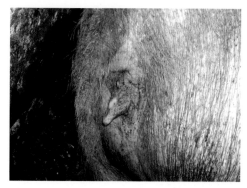

图6-13 母猪阴道内排出脓性分泌物

期也基本正常，但发情时可见从阴道内排出较多的分泌物（不清亮透明，略带浑浊），配种受胎率偏低。

防治

在预防上，要定期消毒猪舍，保持地面干燥，临产时做好产房消毒以及母猪阴户、乳房消毒工作。分娩时还要防护好母猪产道，尽量避免产道损伤而导致感染。发生难产时，助产操作应小心谨慎，禁止不洁手术，也要避免用手反复在产道内拉小猪，否则容易导致产道水肿、损伤。人工取出胎儿及排出胎衣后，要用消毒药或抗生素进行适当的处理，必要时还要配合肌内注射广谱抗生素进行预防。在做人工授精或自然交配时，也要做好消毒和相应的防范工作，特别是公猪生殖器官有炎症时，不允许公猪带菌多次配种。在炎热天气配种时，更要注意卫生和消毒工作。

在治疗上，对于比较严重的母猪急性子宫内膜炎，除了进行全身抗感染处理（如肌内注射头孢噻呋钠、盐酸林可霉素或静脉注射阿莫西林等），还要对子宫进行冲洗。所选药物应无刺激性（如0.9%生理盐水、0.1%高锰酸钾溶液、0.1%乳酸依沙吖啶溶液等），冲洗后可配合注射氯前列烯醇或缩宫素注射液，有助于子宫积脓或积液的排出。子宫冲洗一段时间后可往子宫内注入80万～320万单位青霉素或1克盐酸金霉素或2～3克阿莫西林或1～2克的乳酸环丙沙星等药物，有助于子宫消炎和恢复。严重的病例可在第二个发情期将上述药物重复注入子宫内进行治疗。对于母猪慢性子宫内膜炎病例，可用青霉素80万～160万单位、硫酸链霉素1克溶解在100毫升生理盐水中，直接注入子宫内进行治疗（要选在

发情期间，此时子宫颈部开张，易于输精管的插入），也可选用其他广谱抗生素进行子宫内注入。对于母猪隐性子宫内膜炎的病例，可在母猪配种前半天或母猪配种结束后半天，取青霉素 80 万～160 万单位或阿莫西林 2 克，用灭菌注射用水 30～50 毫升稀释后，直接注入子宫进行治疗，有较好治疗效果，这对提高受胎率有帮助。

（六）中毒性病因

导致母猪繁殖障碍的中毒性病因主要有 2 个：饲料霉菌毒素中毒（特别是猪玉米赤霉烯酮中毒）和猪药物中毒。

1. 猪玉米赤霉烯酮中毒

所有的饲料霉菌毒素都会影响母猪的繁殖性能，其中影响最大的是猪玉米赤霉烯酮中毒（又称 F-2 毒素中毒）。本毒素是由禾谷镰刀菌、粉红镰刀菌、串珠镰刀菌、表球镰刀菌等产生的，主要分布于玉米、麦类、高粱及稻谷中，属于嗜生殖道型毒素。

流行特点和症状

猪对本毒素比较敏感（其他动物相对不那么敏感），可引起母猪雌性激素综合征、公猪雌化综合征、仔猪"八字脚"（图 6-14）及中大猪脱肛症状（图 6-15）。具体来说，母猪中毒后可出现流产、子宫内膜炎、屡配不上等症状，也可见到阴户红肿、阴道黏膜充血肿胀症状，严重时可见阴道黏膜外翻、乳房肿胀等症状。

图 6-14　仔猪出现"八字脚"症状

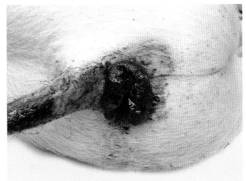

图 6-15　大中猪出现脱肛症状

出生仔猪表现为虚弱，后肢外翻成"八字脚"。小母猪阴户红肿（图6-16）。公猪乳房肿大，包皮水肿，睾丸萎缩，性欲减退。架子猪则表现为易脱肛，以及并发其他呼吸道综合征等症状。

病理变化

后备母猪的子宫和乳腺过早发育增大，卵巢中有持久性黄体，阴户肿胀充血，阴道黏膜充血肿胀，严重时阴道黏膜外翻。显微切片显示生殖道黏膜上皮细胞增生，卵巢中的卵细胞变性，病程稍长的还可见生殖道黏膜上皮细胞出现鳞状化。母猪流产胎儿出现炎症坏死斑（图6-17）。

诊断、防治

详见"二/(四)/5.猪烟曲霉毒素中毒"。

图6-16　小母猪阴户红肿

图6-17　流产胎儿出现炎症坏死斑

2. 猪药物中毒

在临床上药物使用不当也会导致母猪流产现象。常见的原因有：大剂量使用了糖皮质激素（如地塞米松、氢化可的松）；使用某一些驱虫药（如阿维菌素、敌百虫）、抗原虫药物（三氮脒等）；大量使用泻药（如硫酸钠）；怀孕母猪超剂量使用阿散酸（每1000千克饲料中添加剂量超过250克）；超剂量使用抗病毒药物利巴韦林等。此外，某些药物的超剂量使用也会导致胚胎发育不良，如喹诺酮类药物、四环素类药物、氨基糖苷类抗生素等。

流行特点和症状

由药物中毒导致流产的母猪，在猪场中往往有用药史。母猪流产多见于用药后一段时间，产出的胎儿比较新鲜。有些母猪群会出现大面积流产，而有些母猪群则为个别流产。对周围猪场无传染性。

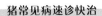

诊断

母猪体温正常，猪场有用药史，在母猪和流产胎儿中未能检出各种病原，由此可做出初步诊断。必要时可对母猪进行相关药物检测而做出确诊。

防治

预防上要加强猪场的饲养管理工作，规范使用各种兽药，禁止使用违禁兽药。母猪发生流产后，要及时停止使用相关药物，在饲料中可添加2%～3%的葡萄糖、0.03%的维生素C或适当增加一些电解多种维生素进行一般性处理。

七、其他杂症

（一）血便

导致猪拉血便的疾病有仔猪红痢、猪痢疾、猪毛首线虫病及猪胃溃疡等疾病。不同的疾病要采取相应的防治措施。其中一般性的处理措施包括肌内注射止血针（如酚磺乙胺注射液、维生素 C 注射液、维生素 K_3 注射液等），以及肠道消炎和肠道黏膜保护（如药用炭、鞣酸蛋白等）等措施。

（二）粪便秘结

在养猪生产中，我们经常见到猪拉的粪便干硬（如算珠形状），粪便外还黏附一层黄白色黏液（图 7-1、图 7-2）。出现这种症状的原因也很多，如：一般的热性传染病、夏天天气炎热造成水分缺失、饲料配方不合理（如饲料中麸皮少、次粉多）及一些病程长的慢性病等。

图 7-1　排出干硬粪便

图 7-2　排出带黏液的干粪

针对这一病症，可以从如下几个方面着手处理：第一，要找出病因并采取相对应的处理方案。如病猪发热，要采取降温退烧措施；饲料配方不合理，要及时调整配方。第二，肌内注射胆翘、鱼腥草、维生素 B_1、复合维生素 B 等注射液，对通便有较好效果。第三，内服硫酸钠、硫酸镁、人工盐、大黄苏打片等泻药。第四，可用温的肥皂水或液体石蜡进行灌肠通便。第五，加强饲养管理，增加饲料中的麸皮含量，多喂青绿饲料或豆腐渣等。

（三）尿液异常

1．血尿

血尿是指尿中带鲜血或含血红蛋白的一种症状。常见疾病有猪钩端螺旋体病、泌尿道结石或肾炎、膀胱疾病及某些溶血性疾病（如蕨类植物中毒、铜中毒、猪附红细胞体病）。针对这一病症，也要找出致病原因并采取相应的防治措施。一般性的处理方案是肌内注射止血针（如酚磺乙胺注射液）、泌尿道消炎注射液（如阿莫西林）及利尿注射液等。

2．尿黄

尿黄是指尿液偏黄（像浓茶一样的尿液）。本症状多见猪患热性传染病或长时间不食或缺水时，可采取清热解毒的方法进行处理，如肌内注射鱼腥草、穿心莲注射液等。

3．尿白

尿白是指排出的尿液中有白色尿酸盐或黄白色分泌物。这种病症多见于母猪饲喂了高蛋白质饲料或泌尿生殖系统有器质性病变（如子宫内膜炎、阴道炎、肾炎等）。这类病症的防治关键在于找出确切病因，并采取相应的治疗方案。

（四）突然死亡

猪突然死亡于猪栏内的症状常见于如下几种疾病，如猪魏氏梭菌病、猪巴氏杆菌病、猪口蹄疫、不良应激（热应激或运输应激、注射应激等）、某些中毒（农药、兽药、蛇毒）、猪胃溃疡、内脏破裂导致内出血等。

1．猪魏氏梭菌病

流行特点和症状

本病主要由 A 型魏氏梭菌及其毒素引起猪突然死亡的一种细菌性条件病。

各种年龄猪均可发生，其中以母猪最常见。多见急性死亡，死前无任何前期症状。有些猪也只有轻微的食欲不振症状，次日即死在猪栏内。个别慢性病例病猪则表现精神沉郁，呼吸困难，食欲不振，眼结膜潮红，运动障碍，共济失调，严重的可出现后肢麻痹。此外，最明显的可见腹部迅速胀气（图7-3），病猪倒地，张口伸舌，四肢划动、呻吟磨牙，在几个小时内死亡。

图 7-3　病猪腹部胀气

病理变化

本病以腹部胀气、消化道出血、小肠阶段性坏死为特征，具体包括心冠脂肪出血、心内膜及心肌出血。肝脏肿大，胆囊肿大，肝脏、脾脏、肾脏均有散在的出血点。胃黏膜脱落，小肠黏膜严重出血，呈红褐色，并发生节段性坏死。大肠胀气明显，大小肠出血明显（图7-4、图7-5），肠系膜淋巴结肿大。

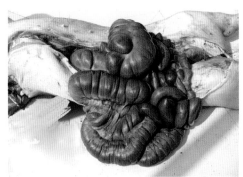

图 7-4　大小肠出血明显

图 7-5　小肠黏膜严重出血

诊断

根据本病的临床症状、病变可做出初步诊断。必要时可对病变小肠进行镜检和细菌分离鉴定。

防治

猪场的饲料、饮水或环境被魏氏梭菌污染后，使得病菌进入猪肠道内寄生。

当气候环境改变或饲料配方改变时，易导致猪抵抗力下降，肠道内微生物菌群失调，魏氏梭菌大量繁殖，并产生毒素而造成猪发病死亡。所以要从加强饲养管理入手来预防本病的发生。急性病例，病猪死亡速度快，往往来不及发现和治疗。对于一些发病较缓慢的病例，可选用喹诺酮类药物（乳酸环丙沙星、恩诺沙星等）、土霉素、盐酸四环素、甲硝唑等药物来治疗。

2．猪口蹄疫

猪口蹄疫可导致猪突然死亡，详见"五 /（七）/4. 猪口蹄疫"。

3．猪巴氏杆菌病

猪巴氏杆菌病可导致猪突然死亡，详见"二 /（二）/4. 猪巴氏杆菌病"。

4．猪胃溃疡

猪胃溃疡可导致猪突然死亡，详见"五 /（二）/1. 猪胃溃疡"。

（五）体况消瘦

在养猪过程中常见到一些猪体况消瘦。这种症状常见于猪寄生虫病、顽固性拉稀（如猪增生性肠炎、仔猪副伤寒）、猪胃溃疡及营养缺乏（如断奶母猪消瘦综合征）等慢性病。针对不同的病因，要采取相应的防治措施。一般性的处理方法包括加强饲料营养、肌内注射维生素 B_1 和维生素 B_{12}。此外，注射布他磷注射液（如拜耳公司生产的科特壮注射液）也有较好的效果。

（六）呕吐

导致猪出现呕吐症状（图 7-6）的病因有：猪胃炎或猪胃溃疡、猪中毒（如农药中毒、老鼠药中毒、霉菌毒素中毒、药物中毒等）、猪传染性胃肠炎、猪流行性腹泻、长途运输等。有时猪吃太饱也会出现呕吐现象。针对上述症状也要因不同疾病采取不同

图 7-6　出现呕吐症状

的处理方案。一般性处理措施可肌内注射硫酸阿托品，有一定效果。

（七）喷嚏

　　导致猪打喷嚏的病因有猪传染性萎缩性鼻炎、猪流感或普通感冒、环境中空气质量较差（如氨气、粉尘超标）等。其中，普通感冒常见于天气突然转变或人为冲水造成猪只受凉感冒时，对此，肌内注射青霉素、安乃近、地塞米松即可痊愈；环境中空气质量不好，可采取通风、降低饲养密度等措施；猪传染性萎缩性鼻炎导致的打喷嚏，多见于有本病存在的猪场里的小猪，其防治方法详见"二/（二）/5. 猪传染性萎缩性鼻炎"；猪流感发生时，猪群中有许多猪会出现打喷嚏症状，其防治方法详见"二/（一）/3. 猪流感"。

（八）流鼻涕

　　猪流鼻涕的病因有猪流感、猪巴氏杆菌病、猪传染性胸膜肺炎、猪传染性萎缩性鼻炎、猪呼吸道综合征及高致病性猪蓝耳病等。针对不同疾病，要采取相应的处理方案。

（九）眼睛异常

　　眼睛的病变在临床上可有多方面的表现：如眼球突出、眼球凹陷、眼结膜潮红、眼结膜苍白、眼结膜黄疸、眼分泌物较多、瞎眼、瞳孔缩小、眼结膜增生等。其中，眼球突出（图7-7）常见于猪水肿病、猪繁殖与呼吸综合征及某些肺脏疾病。眼球凹陷（图7-8）常见于腹泻的疾病。眼结膜潮红（图7-9）常见于猪流感及其他热性传染病。眼结膜苍白（图7-10）常见于贫血、失血的疾病（如寄生虫病、营养缺乏、内出血等）。眼结膜黄疸常见于猪附红细胞体病、猪钩端螺旋体、猪药物中毒、猪黄曲霉毒素中毒等疾病。眼睛有脓性分泌物（图7-11）多见于猪传染性萎缩性鼻炎（与皮肤杂质形成泪斑）、非典型性猪瘟、高致病性猪蓝耳病、猪衣原体病、猪氨气中毒等疾病。瞎眼常见于缺乏维生素A和某些中毒性疾病（如汞中毒）。瞳孔放大见于重病或濒死病猪。瞳孔缩小见于猪有机磷中毒。眼结膜增生（图7-12）多见于猪舍长期氨气浓度高而导致的眼结膜炎和结膜增生。不同的眼睛异常症状，要分析其病因或检验其病原，并针对各种不同疾病采取相应的防治方案。

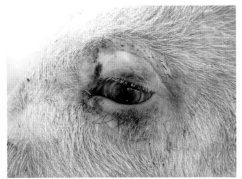

图 7-7　眼球突出

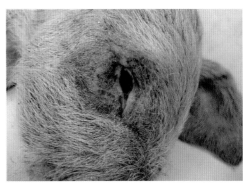

图 7-8　眼球凹陷

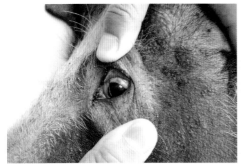

图 7-9　眼结膜潮红

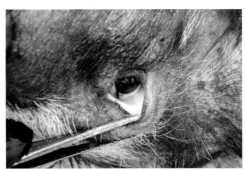

图 7-10　眼结膜苍白

图 7-11　眼睛有脓性分泌物

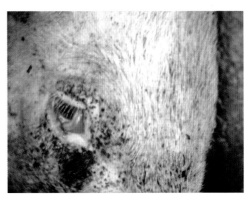

图 7-12　眼结膜增生

（十）异食癖

在养猪过程中我们常常可见到猪只相互咬尾、咬耳朵，或吃粪便、吸其他猪只的尿液、啃咬木板、吃泥土等异物（图7-13、图7-14、图7-15），这些现象都称为异食癖。产生异食癖的原因与饲料中营养物质缺乏（特别是多种维生素和矿物质缺乏）、饲料密度太大、饲养环境卫生条件差、猪舍内氨气超标等均有一定关系。猪咬

图7-13 猪耳尖被其他猪咬烂掉

尾现象较普遍，现在许多自繁自养猪场在仔猪出生后几天就采取断尾措施，以绝后患；此外，加强饲养管理，降低饲养密度，搞好环境卫生和通风工作，也可预防本病的发生。对已经发生咬尾、咬耳朵等异食癖的猪群可在饲养栏内扔一些黄泥土、青菜、青草、破旧橡皮轮胎等让猪只自由咬嚼，会减少异食癖的发生。对个别有顽固异食癖的猪要及时地从猪群中挑出并单独饲养，同时注射盐酸氯丙嗪、硫酸镁等镇静药物。有时可用白酒或汽油稀释后对猪群进行喷洒，对控制咬尾、咬耳朵异食癖也有一定效果。对被咬伤的猪只要及时用碘酊或广谱抗生素处理。

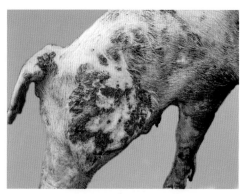

图7-14 猪耳朵被其他猪咬后的炎症反应

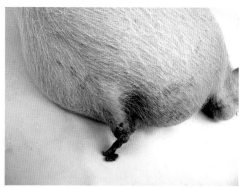

图7-15 猪尾根被其他猪咬烂掉

（十一）脱肛

在临床上也可经常见到猪只出现直肠脱出现象，若没有及时将脱出部分整复，易出现水肿、坏死现象，甚至危及生命。造成直肠脱出的原因也是多方面的，如：严重腹泻时会出现脱肛现象；咳嗽严重时腹压大而造成直肠脱出；饲料霉变，特别是玉米赤霉烯酮中毒往往易使中大猪产生脱肛现象；母猪产后会阴部和韧带松弛也易使母猪产生脱肛现象；此外，猪苗长途运输后也易造成部分猪出现脱肛现象。不同的病因造成的脱肛，要采取不同的防治措施，才能彻底控制好本病。当脱肛现象发生时要及时整复，并采取荷包式缝合法，以防再次脱出。如脱肛时间长，已造成脱出部分水肿、溃烂时要清理创面，并撒青霉素粉或硫酸庆大霉素注射液后再整复和缝合；同时要肌内注射广谱抗生素进行抗菌消炎，并饲喂易消化的流质饲料和青饲料。

（十二）跛行

在养猪实践中，跛行是常见的症状（图7-16）。造成跛行的原因也很多，其中由饲养管理不当造成的有普通脚外伤、风湿性关节炎、猪钙缺乏症、生物素缺乏造成的裂蹄等，这类疾病的发生往往是渐进性的，发病过程比较缓慢或零星发生。此外，造成跛行的传染性疾病有猪口蹄疫、猪水疱病、猪关节炎型链球菌病、副猪嗜血杆菌

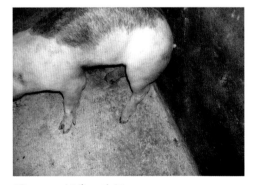

图7-16　拱背、跛行

病等。其中，猪口蹄疫和猪水疱病的病变主要在蹄部，发病速度快；而猪关节炎型链球菌病和副猪嗜血杆菌病主要病变在四肢关节，其中猪关节炎型链球菌病主要表现为关节肿大，甚至化脓破溃，副猪嗜血杆菌病主要表现为皮下水肿。不同病因产生的跛行其处理方案也不尽相同，其中猪钙缺乏症、生物素缺乏，要通过补充营养的办法来达到治疗目的；风湿性关节炎要通过降低猪舍的湿度，肌内注射消炎和止痛注射液来达到治疗目的，严重的病例要淘汰处理；普通脚外伤的处

理通过肌内注射青霉素、安乃近、地塞米松即可；猪口蹄疫和猪水疱病的处理按照国家有关规定进行；猪关节炎型链球菌病的防治方法详见"三 /（二）/1. 猪链球菌病"；副猪嗜血杆菌病的防治方法详见"二 /（二）/3. 副猪嗜血杆菌病"。

附 录

附录一　猪场常见兽用药物的使用方法与使用剂量

名称	制剂	用法与用量	休药期
青霉素钠（钾）	注射粉针	肌内注射：1次量按每千克体重2万～3万单位	0日
氨苄西林钠	注射粉针	肌内或静脉注射：1次量按每千克体重10～20毫克，1日2～3次，连用2～3日	15日
阿莫西林（羟氨苄西林钠）	注射粉针	同氨苄西林钠的用法、用量	14日
	粉剂	内服（拌料或饮水）：1次量按每千克体重10～20毫克	14日
普鲁卡因青霉素	注射粉针或注射液	肌内注射：1次量按每千克体重2万～3万单位，1日1次，连用2～3日	7日
头孢噻呋钠	注射粉针	肌内注射：1次量按每千克体重3～5毫克，1日1次，连用2～3日	1日
硫酸链霉素	注射粉针	肌内注射：1次量按每千克体重10～15毫克，1日2次，连用2～3日	18日
硫酸卡那霉素	注射液	肌内注射：1次量按每千克体重10～15毫克，1日2次，连用2～3日	28日
硫酸庆大霉素	注射液	肌内注射：1次量按每千克体重2～4毫克	40日
	片剂	内服：1日量按每千克体重10～15毫克	3～10日
硫酸庆大小诺霉素	注射液	肌内注射：1次量按每千克体重1～2毫克，1日2次	40日
硫酸新霉素	片剂或粉剂	内服（拌料或饮水）：1次量按每千克体重10毫克	3日
硫酸阿米卡星（硫酸丁胺卡那霉素）	注射液	皮下或肌内注射：1次量按每千克体重5～10毫克	28日
硫酸安普霉素（阿普拉）	预混剂	混饲：每1000千克饲料加80～100克，连用7日	21日
	可溶性粉剂	混饮：按每千克体重12.5毫克，连用7日	

续表

名称	制剂	用法与用量	休药期
土霉素	片剂或粉剂	内服：1次量按每千克体重10～25毫克，1日2～3次，连用3～5日	5日
	长效注射液	肌内注射：1次量按每千克体重10～20毫克	28日
盐酸四环素	片剂或粉剂	内服：1次量按每千克体重10～25毫克，1日1次，连用3～5日	5日
盐酸金霉素	粉剂	内服：1次量按每千克体重10～25毫克，1日1次，连用3～5日	5日
盐酸多西环素（强力霉素）	粉剂	内服：1次量按每千克体重3～5毫克，1日1次，连用3～5日	5日
氟苯尼考	注射液	肌内注射：1次量每千克体重20毫克，每隔48小时1次，连用2次	30日
	粉剂	内服：1次量按每千克体重20～30毫克，1日2次，连用3～5日	30日
乳酸环丙沙星	注射液	肌内或静脉注射：1次量按每千克体重2毫克	10日
恩诺沙星	注射液	肌内注射：1次量按每千克体重2.5毫克，1日2次，连用3～5日	10日
	内服液	内服（仔猪灌服）：1次量按每千克体重2.5～5毫克，1日2次，连用3～5日	8日
乙酰甲喹（痢菌净）	注射液	肌内注射：1次量按每千克体重2～5毫克	35日
	预混剂	混饲：1次量按每千克体重5～10毫克，1日2次，连用3	
乳糖酸红霉素	注射粉针	静脉注射：1次量按每千克体重3～5毫克，1日2次，连用2～3日	7日
吉他霉素（北里霉素）	片剂	内服：1次量按每千克体重10～15毫克，1日2次，连用2～3日	7日
	预混剂	混饲：每1000千克饲料加80～330克（防治）或5～55克（促生长）	
泰乐菌素	注射液	肌内注射：1次量按每千克体重9毫克，1日2次，连用5日	14日
酒石酸泰乐菌素	注射液	皮下或肌内注射：1次量按每千克体重5～13毫克，1日2次，连用5日	14日

续表

名称	制剂	用法与用量	休药期
磷酸泰乐菌素	预混剂	混饲：每1000千克饲料加10～100克，连用5～7日	14日
替米考星	预混剂	混饲：每1000千克饲料加50～100克，连用5～7日	14日
延胡索酸泰妙菌素	可溶性粉剂	混饮：每升水加45～60毫克，连用5日	7日
	预混剂	混饲：每1000千克饲料加40～100克，连用5～10日	5日
杆菌肽锌	预混剂	混饲：每1000千克饲料加4～40克（4月龄以内的小猪添加）	0日
杆菌肽锌硫酸黏菌素	预混剂	混饲：每1000千克饲料加2～20克	7日
硫酸黏菌素	预混剂	混饲：每1000千克饲料加2～20克（仔猪）	7日
	可溶性粉剂	混饮：每升水加40～200毫克	7日
硫酸小檗碱	注射液	肌内注射：每千克体重50～100毫克	28日
盐酸林可霉素	注射液	肌内注射：每千克体重10毫克，1日1次，连用3～5日	2日
	预混剂	混饲：每1000千克饲料加44～77克，连用3～5周	5日
	可溶性粉剂	混饮：每升水加40～70毫克，连用1～3周	5日
黄霉素	预混剂	混饲：每1000千克饲料加5克（生长育肥猪）或10～25克（仔猪）	0日
磺胺嘧啶	注射液	静脉或肌内注射：1次量按每千克体重20～30毫克，1日2次，连用2～3日	10日
	片剂或粉剂	内服：1次量按每千克体重首次量0.14～0.2克，维持量0.07～0.1克，1日2次，连用2～3日	5日
磺胺二甲基嘧啶（SM2）	片剂或粉剂	内服：每千克体重首次量0.14～0.2克，维持量0.07～0.1克，1日2次，连用3～5日	15日
	注射液	静脉或肌内注射：每千克体重50～100毫克	28日
磺胺甲噁唑（SMZ）	片剂或粉剂	内服：1次量按每千克体重首次量50～100毫克，维持量25～50毫克，1日2次，连用3～5日	28日

续表

名称	制剂	用法与用量	休药期
磺胺对甲氧嘧啶（SMD、球虫宁、磺胺 5– 甲氧嘧啶）	片剂或粉剂	内服：1 次量按每千克体重首次量 50 ～ 100 毫克，维持量 25 ～ 50 毫克，1 日 2 次，连用 3 ～ 5 日	28 日
磺胺对甲氧嘧啶、二甲氧苄啶片	片剂或粉剂	内服：1 次量按每千克体重 20 ～ 25 毫克，每 12 小时 1 次	28 日
复方磺胺对甲氧嘧啶钠注射液	注射液	肌内注射：1 次量按每千克体重 15 ～ 20 毫克，1 日 1 ～ 2 次，连用 2 ～ 3 日	28 日
磺胺间甲氧嘧啶钠（SMM、制菌磺、磺胺 6– 甲氧嘧啶）	片剂或粉剂	内服：1 次量按每千克体重首次量 50 ～ 100 毫克，维持量 25 ～ 50 毫克，1 日 1 ～ 2 次，连用 3 ～ 5 日	28 日
	注射液	静脉注射：1 次量按每千克体重 50 毫克，1 日 2 次，连用 2 ～ 3 日	
磺胺氯哒嗪钠	粉剂	内服：1 次量按每千克体重 20 毫克，连用 5 ～ 10 日	3 日
磷酸泰乐菌素、磺胺二甲基嘧啶预混剂	预混剂	混饲：每 1000 千克饲料中加 100 克的泰乐菌素、100 克的磺胺二甲基嘧啶，连用 5 ～ 7 日	15 日
磺胺脒	片剂	内服：1 次量按每千克体重 0.1 ～ 0.2 克，1 日 2 次，连用 3 ～ 5 日	28 日
甲氧苄啶（TMP）	复方制剂	内服或肌内注射：常与磺胺类药物按 1：（4 ～ 5）搭配使用	28 日
二甲氧苄啶（DVD）	复方制剂	内服或肌内注射：常与磺胺类药物按 1：（4 ～ 5）搭配使用	28 日
阿苯达唑	片剂或粉剂	内服：1 次量按每千克体重 5 ～ 10 毫克	7 日
芬苯达唑	片剂或粉剂	内服：1 次量按每千克体重 5 ～ 7.5 毫克	3 日
氟苯达唑	预混剂	混饲：每 1000 千克饲料加 30 克，连用 5 ～ 10 日	14 日
盐酸左旋咪唑	片剂	内服：1 次量按每千克体重 7.5 毫克	3 日
	注射液	皮下和肌内注射：1 次量按每千克体重 7.5 毫克	28 日
奥芬达唑	片剂	内服：1 次量按每千克体重 4 毫克	7 日

名称	制剂	用法与用量	休药期
吡喹酮	片剂	内服：1 次量按每千克体重 10 ~ 35 毫克	28 日
精制敌百虫	片剂	内服：1 次量按每千克体重 80 ~ 100 毫克	7 日
伊维菌素	注射液	皮下注射：1 次量按每千克体重 0.3 毫克	20 日
	0.6% 预混剂	混饲：1 次量按每千克体重 0.2 ~ 0.3 毫克	5 日
阿维菌素	注射液	皮下注射：1 次量按每千克体重 0.2 毫克	28 日
	片剂、粉剂	内服：1 次量按每千克体重 0.3 毫克	5 日
盐霉素钠	预混剂	混饲：每 1000 千克饲料加 25 ~ 75 克，主要用于小猪阶段	5 日
妥曲珠利（百球清）	溶液	小猪灌服：掺水后 1 次量按每千克体重 7 ~ 20 毫克	28 日
三氮脒	粉针	肌内注射：1 次量按每千克体重 3 ~ 5 毫克	28 日
甲硝唑	片剂或粉剂	内服：1 次量按每千克体重 50 ~ 60 毫克	3 日
双甲脒	溶液	药浴、喷洒、涂擦：配成 0.025% ~ 0.05% 溶液	7 日
溴氰菊酯	溶液	喷洒：加水稀释，每升水加 5 ~ 15 毫克	28 日
辛硫磷	溶液	药浴、喷洒：配成 0.05% ~ 0.1% 乳液	28 日

附录二　抗生素药物的合理选用

病原微生物		所致疾病	首选药物	次选药物
革兰阳性菌	猪丹毒杆菌	猪丹毒	青霉素钾	红霉素
	金黄色葡萄球菌	败血症、化脓创、心内膜炎、乳房炎等	青霉素钾	红霉素、头孢菌素类、盐酸林可霉素、复方磺胺类
	耐青霉素金黄色葡萄球菌	化脓创、乳房炎、败血症、心内膜炎	耐青霉素酶的半合成青霉素	阿莫西林、红霉素、硫酸庆大霉素、盐酸林可霉素
	猪链球菌	化脓创、肺炎、乳房炎、猪链球菌病	青霉素钾	红霉素、头孢菌素类、复方磺胺类
革兰阴性菌	大肠杆菌	仔猪黄痢、白痢、猪水肿病、腹泻、泌尿生殖道感染、腹膜炎、败血症	喹诺酮类、氟苯尼考	盐酸多西环素、氨基糖苷类、复方磺胺类
	沙门菌	肠炎、腹泻、仔猪副伤寒	喹诺酮类、氟苯尼考	阿莫西林、氨苄西林钠、复方磺胺类
	巴氏杆菌	猪巴氏杆菌病	氨基糖苷类、头孢菌素类	复方磺胺类、喹诺酮类、四环素类
	嗜血杆菌	肺炎、猪传染性胸膜肺炎	盐酸林可霉素类、氨苄西林钠	喹诺酮类、氨基糖苷类、四环素类
	支原体（霉形体）	猪支原体肺炎	延胡索酸泰妙菌素、替米考星	磷酸泰乐菌素、吉他霉素、盐酸多西环素、盐酸林可霉素、喹诺酮类
猪密螺旋体		猪痢疾	乙酰甲喹	磷酸泰乐菌素、盐酸林可霉素
钩端螺旋体		猪钩端螺旋体病	青霉素钾	硫酸链霉素、四环素类
弓形虫		猪弓形虫病	复方磺胺类	

附录三 常见兽用药物配伍结果

类别	药物	配伍药物	结果
青霉素类	氨苄西林钠、阿莫西林、青霉素钾	硫酸链霉素、硫酸新霉素、硫酸黏菌素、喹诺酮类、硫酸庆大霉素、硫酸卡那霉素	疗效增强
		替米考星、盐酸多西环素、氟苯尼考	疗效降低
		维生素 C– 多聚磷酸酯	沉淀、分解失效
		氨茶碱、磺胺类	沉淀、分解失效
头孢菌素类	头孢氨苄	硫酸新霉素、硫酸庆大霉素、喹诺酮类、硫酸黏菌素	疗效增强
		氨茶碱、维生素 C、磺胺类、盐酸多西环素、氟苯尼考	沉淀分解失效、疗效降低
氨基糖苷类	硫酸新霉素、硫酸庆大霉素、硫酸卡那霉素、硫酸链霉素	氨苄西林钠、头孢氨苄、盐酸多西环素、甲氧苄啶	疗效增强
		维生素 C	抗菌效果减弱
		同类药物	毒性增强
大环内酯类	硫氰酸红霉素、替米考星	硫酸庆大霉素、硫酸新霉素、氟苯尼考	疗效增强
		盐酸林可霉素	疗效降低
		磺胺类、氨茶碱	毒性增强
		氯化钠、氯化钙	沉淀、析出游离
硫酸黏菌素类	硫酸黏菌素	盐酸多西环素、氟苯尼考、替米考星、喹诺酮类	疗效增强
		硫酸阿托品、硫酸新霉素、硫酸庆大霉素	毒性增强
四环素类	盐酸多西环素、盐酸金霉素	同类药物及磷酸泰乐菌素、延胡索酸泰妙菌素、甲氧苄啶	增强疗效（减少使用量）
		氨茶碱	分解失效
		金属三价阳离子	形成不溶性难吸收的络合物

续表

类别	药物	配伍药物	结果
酰胺醇类	氟苯尼考	硫酸新霉素、盐酸多西环素、硫酸黏菌素	疗效增强
		氨苄西林钠、头孢氨苄	疗效降低
		喹诺酮类、磺胺类	毒性增强
		叶酸、维生素 B_{12}	抑制红细胞生成
喹诺酮类	环丙沙星、恩诺沙星	头孢氨苄、氨苄西林钠、硫酸链霉素、硫酸新霉素、硫酸庆大霉素、磺胺类	疗效增强
		盐酸四环素、盐酸多西环素、氟苯尼考	疗效降低
		氨茶碱	析出沉淀
		金属阳离子（Ca^{2+}、Mg^{2+}、Fe^{2+}、Al^{3+}）	形成不溶性络合物
茶碱类	氨茶碱	维生素 C、盐酸多西环素、盐酸肾上腺素等酸性药物	浑浊、分解失效
		喹诺酮类	疗效降低
洁霉素类	盐酸林可霉素	甲硝唑	疗效增强
		替米考星	疗效降低
		磺胺类、氨茶碱	浑浊、失效
抗球虫药	盐酸氨丙啉	维生素 B_1	疗效降低
	莫能菌素或马杜霉素或盐霉素	延胡索酸泰妙菌素、竹桃霉素	抑制动物生长，甚至中毒死亡
影响组织代谢药	维生素 B_1	生物碱、碱	沉淀
		氧化剂、还原剂	分解失效
		氨苄西林钠、头孢菌素类、硫酸黏菌素	破坏失效
	维生素 B_2	碱性药液	破坏失效
		氨苄西林钠、头孢菌素类、硫酸黏菌素、盐酸四环素、盐酸金霉素、土霉素、红霉素、硫酸新霉素、硫酸链霉素、硫酸卡那霉素、盐酸林可霉素	破坏、灭活

续表

类别	药物	配伍药物	结果
影响组织代谢药	维生素 C	氧化剂	破坏失效
		碱性药液（如氨茶碱）	氧化失效
		钙制剂溶液	沉淀
		氨苄西林钠、头孢菌素类、盐酸四环素、盐酸金霉素、土霉素、红霉素、硫酸新霉素、硫酸链霉素、硫酸卡那霉素、盐酸林可霉素、盐酸多西环素	破坏、灭活
	氯化钙	碳酸氢钠、碳酸钠	沉淀
	葡萄糖酸钙	碳酸氢钠、碳酸钠、水杨酸盐、苯甲酸盐	沉淀

附录四 猪场疫苗免疫程序

（一）后备种猪的免疫方案

1. 猪细小病毒病疫苗

在后备母猪配种之前 2 个月开始注射，间隔 1 个月再加强免疫 1 次。

2. 猪乙型脑炎疫苗

在后备母猪配种之前 1.5 个月开始注射猪乙型脑炎活疫苗或灭活疫苗，间隔 1 个月再加强免疫 1 次。

3. 猪伪狂犬病活疫苗

每年"一刀切"免疫 4 次。

4. 猪瘟活疫苗

每年"一刀切"免疫 2 ~ 3 次。

5. 猪口蹄疫灭活疫苗

每年"一刀切"免疫 O-A 型二价口蹄疫灭活疫苗 3 次。

6. 其他疫苗

猪传染性胃肠炎 – 猪流行性腹泻二联活疫苗或灭活疫苗、猪链球菌病疫苗、猪巴氏杆菌病疫苗、猪圆环病毒病疫苗、猪繁殖与呼吸综合征疫苗等是否需要免疫，依猪场具体情况而定。

（二）经产母猪的免疫方案

1. 猪瘟活疫苗

每年免疫 2 次（每年 3 月和 9 月各免疫 1 次，或每胎仔猪断奶时各免疫 1 次）。

2. 猪口蹄疫灭活疫苗

在安全地区每年免疫 O-A 型二价口蹄疫灭活疫苗 2 次（每年 4 月和 10 月各免疫 1 次），在受威胁地区每年免疫 O-A 型二价口蹄疫灭活疫苗 3 ~ 4 次（每 3 个月免疫 1 次）。值得一提的是，免疫时要避开重胎母猪（等产后一段时间再补），以免发生早产现象。

3. 猪繁殖与呼吸综合征疫苗

每年免疫猪繁殖与呼吸综合征活疫苗或灭活疫苗 2 次（如每年 5 ~ 6 月和 11 ~ 12 月各

免疫 1 次），也要避开重胎母猪，以免发生早产现象。

4. 猪伪狂犬病活疫苗

在受威胁或环境污染严重的猪场，每年免疫 3 ~ 4 次（每 3 ~ 4 个月全场免疫 1 次）。

5. 猪大肠杆菌病灭活疫苗

在母猪每胎产前 25 天和 15 天各免疫 1 次。疫苗可选择仔猪大肠杆菌病三价灭活疫苗或仔猪大肠杆菌病 K_{88}/K_{99} 双价基因工程灭活疫苗。

6. 猪传染性胃肠炎 - 猪流行性腹泻二联疫苗

在每年 10 月免疫猪传染性胃肠炎 - 猪流行性腹泻二联活疫苗 1 次，11 月免疫灭活疫苗 1 次，间隔 20 天左右。母猪产前 40 天免疫猪传染性胃肠炎 - 猪流行性腹泻二联活疫苗 1 次，产前 20 天免疫灭活疫苗 1 次。

7. 猪乙型脑炎疫苗

每年于 4 ~ 5 月份免疫 1 次猪乙型脑炎灭活疫苗或活疫苗。

8. 其他疫苗

猪多杀性巴氏杆菌病活疫苗、猪丹毒活疫苗、猪败血型链球菌病活疫苗、猪传染性萎缩性鼻炎灭活疫苗、猪衣原体病灭活疫苗、猪细小病毒病灭活疫苗等免疫与否，以及免疫程序的安排，要根据不同猪场的具体疫情而决定，并非所有猪场都要免疫上述几种疫病的疫苗。

（三）仔猪的免疫方案

1. 猪瘟活疫苗

在安全地区于仔猪断奶时免疫 1 次即可；在威胁地区于 20 日龄和 60 日龄时各免疫 1 次；在污染严重的猪场于吃初乳前 1 ~ 2 小时进行超前免疫，并于断奶后几天（30 日龄左右）进行二免，于 70 日龄左右进行三免。

2. 猪繁殖与呼吸综合征活疫苗（选择使用）

仔猪 7 ~ 15 日龄时免疫 1 次。

3. 猪口蹄疫灭活疫苗

仔猪于 40 日龄时进行首免 O-A 型二价猪口蹄疫灭活疫苗 1 ~ 1.5 毫升，于 55 ~ 60 日龄时进行二免猪口蹄疫灭活疫苗 1.5 ~ 2 毫升，在冬春季节饲养的中大猪于 80 日龄左右还需再加强免疫 2 毫升猪口蹄疫灭活疫苗 1 次。

4. 猪伪狂犬病活疫苗

环境污染较严重的猪场于 10 日龄内进行猪伪狂犬病活疫苗滴鼻首免，于 30 ~ 40 日龄时再肌内注射猪伪狂犬病活疫苗进行二免，于 100 日龄时肌内注射伪狂犬病活疫苗进行三免。

5．猪圆环病毒病疫苗

在猪圆环病毒病发生较严重的猪场，在仔猪 15 日龄免疫 1 次，或在 15 日龄、25 日龄各免疫 1 次。

6．其他疫苗

猪支原体肺炎疫苗、仔猪副伤寒疫苗、猪败血型链球菌病疫苗、猪多杀性巴氏杆菌病疫苗、猪传染性胃肠炎－猪流行性腹泻二联疫苗等免疫与否，以及免疫程序的安排，要根据不同地区猪场的具体病情而决定。若这些猪场没有存在这些疫病，那么这些疫苗可以不做。

附录五　死猪内脏器官剖检的临床诊断参考

脏器	病理变化	可能的疾病
外观	脱水消瘦	仔猪大肠杆菌病、猪传染性胃肠炎、猪流行性腹泻、猪圆环病毒病、猪寄生虫性疾病、胃肠内科性疾病等
天然孔	流出黑色血液、凝固不良	猪炭疽、抗血凝性老鼠药中毒、猪败血型链球菌病
	口、鼻流出带血泡沫	猪传染性胸膜肺炎、猪巴氏杆菌病、猪败血型链球菌病
	鼻孔流鲜血	猪传染性萎缩性鼻炎
皮下组织、肌肉	皮下组织出血性胶样浸润	细菌性败血症
	皮下脂肪带黄色	猪钩端螺旋体病、猪附红细胞体病、猪黄脂病、某些药物中毒
	头颈部皮下、肌肉有透明或微黄色液体流出	猪水肿病、猪巴氏杆菌病、局部皮肤感染败血症病原
	皮下肌肉坏死、化脓	猪坏死杆菌病、猪葡萄球菌病
	肌肉苍白	猪白肌病（硒缺乏症）、应激、高热症状性疾病、内脏出血
口腔	齿龈坏死	猪瘟、猪坏死杆菌病、某些重金属中毒
	口腔黏膜起水疱	猪口蹄疫、猪水疱病
	口腔黏膜炎症	猪口蹄疫、猪水疱病、某些化学物品中毒、缺乏维生素、异物刺破口腔黏膜
	舌头切面有黄白色条纹	猪白肌病
扁桃体	表面有坏死灶	猪伪狂犬病、猪瘟、猪流感
喉头	有出血点	猪瘟
气管	气管和支气管黏膜潮红，内充满带泡沫黏液	猪流感

续表

脏器	病理变化	可能的疾病
气管	气管和支气管内充满粉红色黏液泡沫	猪传染性胸膜肺炎、猪巴氏杆菌病、猪呼吸道综合征、猪肺丝虫病
肺脏	表面有出血斑点	猪瘟、猪败血型链球菌病、中毒
	心叶、尖叶、膈叶对称性出现肉样实变	猪支原体肺炎
	肺脏肿大、实变，呈红白相间的斑驳状	猪圆环病毒病
	肺脏肿大、出血、炎症，呈花斑状病变，肺脏间质水肿增宽	猪繁殖与呼吸综合征、猪巴氏杆菌病
	肺脏肿大、淤血、呈紫红色	猪流感
	肺脏萎缩不全、水肿、间质增宽	猪弓形虫病、猪附红细胞体病
	肺脏肿大，表面有纤维性渗出物，间质充满胶冻样液体，病程长者可出现硬化或坏死病变	猪传染性胸膜肺炎、副猪嗜血杆菌病、猪呼吸道综合征
	肺脏表面有霉菌灶	猪烟曲霉毒素中毒
胸腔	有大量浆液	猪巴氏杆菌病、猪呼吸道综合征、猪伪狂犬病
	有纤维性渗出物，并造成胸腔和肺脏粘连	猪传染性胸膜肺炎、副猪嗜血杆菌病
食道	黄白色粒状突起	猪饲料霉菌毒素中毒、猪白色念珠菌病
胃	胃大弯胃壁水肿	猪水肿病
	胃黏膜充血、出血、脱落	猪传染性胃肠炎、猪流行性腹泻、药物或添加剂中毒、饲料霉菌毒素中毒
	胃黏膜溃疡灶、穿孔	猪胃溃疡
肠道	小肠扩张充气、肠壁变薄、内充盈一些黄色液体	猪大肠杆菌病、猪传染性胃肠炎、猪流行性腹泻、猪球虫病及其他肠炎性疾病
	空肠段的肠壁呈紫红色	仔猪红痢、猪魏氏梭菌病、猪肠变位
	回肠及部分大肠壁增厚坏死	猪增生性肠炎

续表

脏器	病理变化	可能的疾病
肠道	大肠肠壁黏膜肿胀出血，肠内容物为紫红色糊状物	猪痢疾
	大肠黏膜弥漫性溃疡，肠内膜表面为糠麸状坏死	仔猪副伤寒
	盲肠及部分结肠黏膜有纽扣状溃疡灶	猪瘟、猪圆环病毒病
	盲肠及结肠黏膜表面有大量白色丝状虫体	猪毛首线虫病
	结肠外壁可见一些突出表面的坏死灶	猪圆环病毒病、猪食道口线虫病
	肠系膜和结肠祥水肿	猪水肿病、心脏衰竭性疾病
	大小肠内容物为紫红色或黑酱油色	猪胃溃疡、猪肠溃疡、中毒
腹腔	黄色积液	猪水肿病、猪弓形虫病、膀胱破裂、肾脏疾病、肝脏硬化、心功能衰竭
	腹膜炎并带食糜	胃肠穿孔
	腹膜炎并有干酪样渗出物	副猪嗜血杆菌病
	有蜘蛛网状纤维素性渗出物	猪败血型链球菌病、副猪嗜血杆菌病、猪口蹄疫、其他某些急性败血症
肝脏	肝脏表面有黄白色小坏死点	猪伪狂犬病、猪败血型链球菌病、猪巴氏杆菌病、某些药物和毒物中毒等
	肝脏表面出现大面积白色坏死斑	猪蛔虫移行斑、某些毒素中毒
	肝脏表面附着小水疱	猪细颈囊尾蚴病
	肝脏表面有肿瘤结节	黄曲霉毒素中毒导致肝脏肿瘤、猪棘球囊尾蚴病
	肝脏土黄色	猪钩端螺旋体病、猪附红细胞体病、猪圆环病毒病、某些药物中毒
	肝脏硬化	猪黄曲霉毒素中毒、其他有害物质中毒

续表

脏器	病理变化	可能的疾病
肝脏	肝脏肿大	多种传染病
	肝脏颜色偏黑	某些毒素中毒
胆囊	出血点	猪瘟
	水肿	猪水肿病、猪败血型链球菌病
脾脏	肿大、暗红色	猪炭疽、猪弓形虫病、猪败血型链球菌病、猪丹毒
	边缘出血性梗死灶	猪瘟
	表面有黄白色坏死灶	猪伪狂犬病
淋巴结	肿大，切面呈大理石样出血病变	猪瘟
	淋巴结肿大，切面多汁	猪圆环病毒病、猪水肿病
	淋巴结肿大，坏死斑	猪弓形虫病
	淋巴结弥漫性出血或有出血点或化脓灶	猪败血型链球菌病
肾脏	颜色淡，表面有针尖大小出血点	猪瘟、猪伪狂犬病、猪流行性腹泻、仔猪黄痢
	肾脏皮质有小出血点或灰白色坏死小点	猪弓形虫病
	肾脏表面有白色坏死斑	猪圆环病毒病
	肾脏紫红色，肿大，皮质有小出血点	猪丹毒、猪败血型链球菌病
膀胱	黏膜出血点	猪瘟
	血尿	猪钩端螺旋体病、药物中毒、肾炎、猪附红细胞体病
	膀胱破裂	尿道结石
	膀胱有黄白色沉淀物	磺胺类药物等使用过量
骨骼	鼻甲骨萎缩	猪传染性萎缩性鼻炎
	肋骨骺线出血或变白	猪瘟
	关节肿大	猪关节炎型链球菌病、副猪嗜血杆菌病、钙缺乏症、风湿性关节炎

续表

脏器	病理变化	可能的疾病
脑部	脑膜充血，脑膜下积液	猪水肿病
	脑膜充血和出血，脑实质有黄白色坏死灶	猪脑膜脑炎型链球菌病
	小脑充血和出血，小脑实质坏死	猪伪狂犬病
	脑膜大面积充血、出血	高热症状性疾病、中毒性疾病
心脏	心肌和心冠出血	猪瘟
	心肌有黄白色条状坏死	猪口蹄疫、猪硒缺乏症
	心瓣膜疣状增生	猪丹毒（慢性）
	心冠脂肪出血点	猪巴氏杆菌病、猪热射病、中毒、猪败血型链球菌病
血液	血液稀薄	猪附红细胞体病、缺铁性贫血
	血液呈酱油色	猪亚硝酸盐中毒
	血液浓稠，暗红色	高热症状性疾病、拉稀脱水性疾病